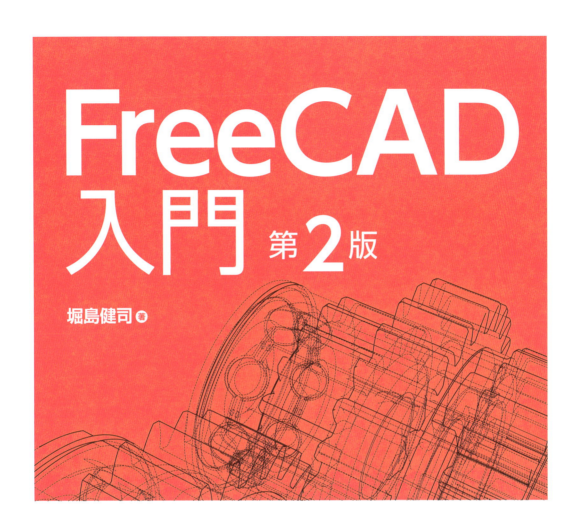

注　意
1.本書は著者が独自に調査した結果を出版したものです。
2.本書は内容において万全を期して制作しましたが、万一不備な点や誤り、記載漏れなどお気づきの点がござ
　いましたら、出版元まで書面にてご連絡ください。
3.本書の内容の運用による結果の影響につきましては、上記2項にかかわらず責任を負いかねます。あらかじ
　めご了承ください。
4.本書の全部または一部について、出版元から文書による許諾を得ずに複製することは禁じられています。

商標等
・本書に登場するシステム名称、製品名は一般に各社の商標または登録商標です。
・本書に登場するシステム名称、製品名は一般的な呼称で表記している場合があります。
・本文中には©、TM、®マークを省略している場合があります。

はじめに

　ついにFreeCADのファイナル版ver1.0が2024年11月18日に公開されました。2002年から開発され続けてきたFreeCADの開発に一区切りついた形です。開発のご関係者様に心から感謝の意を表します。

　さて、FreeCADはどんなCADなのかあらためて書きます。FreeCADはオープンソースの3DCADで誰でも気軽に使用することのできる3DCADです。商用利用も可です。

　具体的には何ができるのかというと、建築や土木の構造物、機械分野の部品、これらを3次元で設計でき、作成したデータは3Dプリンターで造形できます。本書ではFreeCADでのデザインの方法を具体的な例題と共に紹介し、3Dプリンターで造形するためのデータを作り上げ、造形のポイントなどを説明しています。是非、この本を一読していただき3Dの面白さを体感してみてください。そう、無料の3DCADを使うことで誰でも気軽に設計ができ、ご家庭の3Dプリンターが工場になります。

　もう一度書きます。無料の3DCADを使うことで誰でも気軽に設計ができ、ご家庭の3Dプリンターが工場になります。これは革命的なことです。以下が具体的な事例です。

~具体的な事例~

　とある会社で製品の企画が立ち上がりました。運よく採用されたアイデアは他部門と連携しながら計画、稟議を通しまずは試作品、小ロット生産、流行れば工場にてライン生産、そして店舗へ納入され、この段階でようやく私たちの手元に製品が届きます。

　3DCADでデザインした世界で1つだけのあなたのデザインが、3Dプリンターを使えばあっという間に製品になる、このスピード感はとてつもないものです。

~扉を開けてみませんか~

　はじめてCADを使用するとなるとハードルは高く感じるかもしれません。しかし、FreeCADは無料なのでまずは試してみませんか。FreeCADを覚えてしまえば、3Dプリンターでほしい物を造形できます。そして、本書を手に取ってくださった皆様が1日でも早くFreeCADを使いこなせるように本書にてお手伝いができれば幸いです。

2025年3月

堀島健司

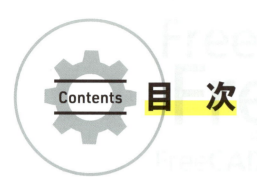

Contents 目 次

- はじめに 3
- 作成物一覧 11

Chapter 1 FreeCADの導入と基礎知識

1-1 ダウンロードとインストール 18

1-2 基礎知識 25
- 初回起動とデータの保存 25
- ワークベンチにアクセスしよう 27
- マウスを動かしてみよう 30
- 画面を切り替えてみよう 33
- 試しに円柱の大きさを変えてみよう 36

1-3 全般的な設定 39
- 言語設定 39
- 単位および有効桁数の設定 40
- 曲線を滑らかにする設定 40
- 座標の拡張方法の設定 42

1-4 色の設定 44
- 背景色の設定 44
- 色調スタイルを選択 45
- 補助色の設定 46

1-5 便利な設定 48

Chapter 2 作図

2-1	CADの概念	50
2-2	2次元CADの概念	51
	■座標	52
	■平面図・断面図・側面図	52
	■寸法と単位	53
2-3	3次元CADの概念	55
	■立体図（アイソメトリック）	55
2-4	FreeCADでの作図	57
	■FreeCADでの2次元製図の準備	57
	■作図	60
2-5	スナップ機能	78
	■3Dに変換するための準備	88
2-6	高度な作図	92
	■角度や方向を指定して線を引く	92
	■座標面を移動させる	94
	■JW-CADで描いたdxfまたはdwgをインポートする	97

Chapter 3 立体化と図面の作成

3-1	立体化	104
	■さまざまな立体化の方法	104
	■押し出し	106
	■回転	111
	■ロフト	113
	■スイープ	118
3-2	簡単立体化機能	123
3-3	立体から図面を作成する	132

Contents 目 次 5

- ■下書きを作成してみよう 135
- ■線を面に変換しよう 139
- ■面を回転させて立体を作ろう 141
- ■図面を作成して寸法線を入れてみよう 144

Chapter 4 ブーリアン演算機能による組み合わせ

4-1 ブーリアン演算 (組み合わせの仕組み) 156
- ■小物入れを作ってブーリアン演算を学ぶ 157

Chapter 5 積み木感覚でコップをデザインしよう

5-1 本章で学ぶこと 176
- ■作成するコップのモデル 176
- ■学習する内容 176
- ■覚えておきたい用語 177

5-2 積み木感覚でデザインする 179

5-3 ブーリアン演算を用いてデータを1つにまとめよう 188

5-4 コップの飲み口をきれいにしよう 192

5-5 曲線のメッシュを見直して滑らかにしよう 198

5-6 3Dプリンターに読み込むデータを作ろう 204

Chapter 6 フリーハンドで描いた線を立体にしよう

6-1 作成するスマホスタンドのモデル 208
- ■学習する内容 208
- ■覚えておきたい用語 209

| 6-2 | フリーハンドで描いてみる | 210 |
| 6-3 | 拡大縮小してみよう | 218 |

Chapter 7 いろいろな物を作ってみよう

7-1	本章で学ぶこと	226
	■作成するさいころのモデル	226
	■作成する幾何学的なモデル	226
	■作成するT字管のモデル	227
	■作成するフランジ付きT字管のモデル	227
	■作成するスマートフォンケースのモデル	227
	■学習する内容	228
	■覚えておきたい内容	228
7-2	さいころ	229
7-3	幾何学的なモデル	238
7-4	T字管	241
7-5	フランジを作ってT字管に取り付けよう	245
7-6	スマートフォンケース	259

Chapter 8 FreeCADで作成したモデルを造形してみよう

8-1	3Dプリンターとは	272
	■概要	272
	■各部の名称	274
	■造形前の準備	274
	■サポート材について	284
	■3Dプリンターの選び方	286
	■造形サービスの紹介	289

Chapter 9
画像を読み込んで
クッキー型枠を作ろう

9-1 本章で学ぶこと 292

9-2 画像データをSVG形式に変換する 294
- 概要 294
- ①Inkscapeのインストール 296
- ②データの大きさを整える 305
- ③型枠を作る 311
- ④くぼみを貫通させる 312
- ⑤複雑な図形を貫通させる 313

9-3 きれいな模様のチョコレートを作る 317
- ⑥下書きデータの修正方法 317
- ⑦下書きデータを重ね合わせる 319
- ⑧模様を描いてきれいなチョコレートを作る 322

Chapter 10
サーフェスモデリングで
船体をデザインしてみよう

10-1 本章で学ぶこと 336
- 作成する船体のモデル 336
- 学習する内容 336
- 覚えておきたい用語 336

10-2 曲線を組み立てて船を形作ろう 338

10-3 サーフェスデザイン機能を使ってみよう 344

10-4 サーフェスデータを印刷できるデータに変換してみよう 348

Chapter 11 機械系の部品を作ってみよう

11-1 板金物のモデルを作ってみよう 354
- ■作成する板金物のモデル 354
- ■学習する内容 354
- ■覚えておきたい内容 354

11-2 板金のプログラムをインストールしてみよう 355

11-3 板金作業に挑戦 356

11-4 ギアやボルトを作ってみよう 369
- ■作成するギアのモデル 369
- ■作成するボルトのモデル 370
- ■作成するねじが切られたソケットピン 370
- ■学習する内容 370
- ■覚えておきたい用語 371

11-5 ギア専門のプログラムからベベルギアを作ろう 376

11-6 ボルト専門のプログラムからISOボルトを作ろう 381

11-7 5章で作成したピンにねじを切ろう 385

Chapter 12 BIM機能で簡単な倉庫を作ろう

12-1 本章で学ぶこと 392
- ■作成する倉庫のモデル 392
- ■作成する鉄筋コンクリートのモデル 392
- ■学習する内容 392
- ■覚えておきたい内容 393

12-2 BIM機能 394

12-3 座標の変更と建物情報の入力 395

12-4 基礎の鉄筋コンクリートをデザインしてみよう 400

12-5 基礎の上に梁を載せよう 417

12-6	柱を立てよう	419
12-7	梁をつけよう	423
12-8	屋根の骨組みをつけよう	426
12-9	床と張壁をつけよう	431
12-10	屋根材をつけよう	433
12-11	自分でデザインした建具をつけよう	438
	■ BIMについて復習	444

Chapter 13 ICT建機を動かすための3次元施工データを作成する

13-1	本章で学ぶこと	448
	■ 作成するデータ	448
13-2	ICT建機による情報化施工とは	449
	■ ICT油圧ショベル	451
	■ ICT建機を動かすために必要な3次元データとは	451
	■ 3次元施工データの作成方法と費用感について	452
	■ 2次元CADにて土工の施工図を作る際に大事なこと	454
13-3	作図の準備	455
	■ 背景色を白色にする	455
	■ Eスナップの設定	456
	■ 作図設定にて長さのタイプと精度を設定しよう	457
	■ インターフェイスを設定しよう	459
13-4	作図	460
	■ 建築の根切り	460

| あとがき | 480 |
| 索引 | 481 |

作成物一覧

本書はFreeCADの使い方および3Dプリンターの導入について紹介しています。1章ではFreeCADの設定について、2章では線を描くデザインについて、3章から7章までは実際の例題をもとにFreeCADの使い方を載せました。

8章では3Dプリンターにて造形するためのスライスソフトや3Dプリンターの知識について触れています。9章～12章は追加のプログラムを使用した応用になります。

13章では建設、主に建築や土木の実務にて使用するICT建機を動かすための3次元施工データの作成方法について載せました。

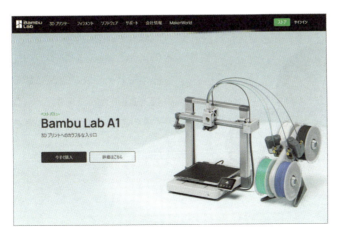

3章

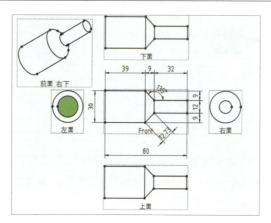

　3章ではソケットピンを作成し、これを図面化するところまでを紹介します。作成したモデルを投影することで正面図や側面を自動で作れます。

　寸法線や角度、ハッチングや注釈も可能でして、趣味や実務に活用できるのではと考えます。

4章

　ブーリアン演算を活用し、異なるソリッドを結合する方法を学びます。

　積み木のように組み合わせて3Dの世界を覗いてみましょう。3Dプリンターで造形して文房具入れにするのはいかがですか。高さ方向を小さくすればおしゃれなお皿にもなります。

5章

　円柱とトーラスを組み合わせて積み木のようにコップを作ってみましょう。

　後半ではカーブを綺麗にするための小技を紹介しています。メッシュを細かくすることで滑らかな曲線を作れます。

6章

　ここではオフセットを学びます。フリーハンドで描いた線が3Dになる面白さを実感してみましょう。サンプルとしてスマホスタンドを作成してみます。
　FreeCADでは拡大・縮小が自由なためデザインの時に製品の大きさを気にする必要はありません。

7章

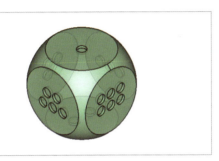

　7章ではデザインの実例を紹介します。まずはさいころを作成してみましょう。数字のマス目は配列機能を使用します。

　共通集合という考え方を導入すると、幾何学的な模様を作れます。
　立体を重ね合わせ、幾何学的な模様を作る練習をしてみましょう。

　FreeCADでは垂直に重なり合うパイプ同士も結合できます。
　フランジ付T字管を作成してみましょう。パイプの結合をマスターすれば有償CADと変わりません。

簡単なスマホケースを作成してみましょう。ケーブルやカメラの位置を考えるのが面白いかもしれません。

⚙ 9章

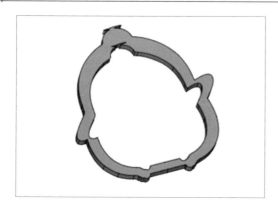

9章ではSVG形式のデータをFreeCADに読み込みキャラクターの型枠を作ります。クッキーやチョコレートの作成に使うのも面白いかもしれません。

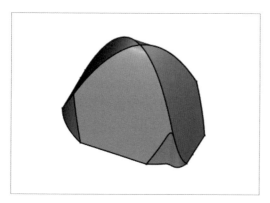

こちらはチョコレート用3Dプリンターで造形するためのチョコレートのデータです。実はチョコレートも同じSTLデータです。もしかしたらFreeCADでデザインした食品が世に出回るかもしれません。

ここでは彫刻のようにモデルをそぎ落とすことで立体的に滑らかなモデルを作ることを学びます。

10章

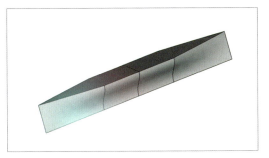

船のモデリングはサーフェス機能をマスターする必要があります。本章では船体の曲線を描き船体をサーフェス化、そして造形するためのソリッド化までを紹介しています。

11章

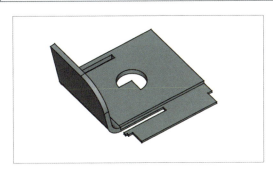

FreeCADに外部のプログラムを読み込むとより実務的な操作ができます。

ここでは板金プログラムを入れてみました。板金物をレイアウトしてみましょう。もちろん、3Dプリンターでの造形もできます。

ギアプログラムを読み込むことで多種多様なギアを作成できます。

これらのギアの作成は自動で完了し、歯車の数や大きさを調整します。

ファスナープログラムを読み込むことでボルトやねじ、釘類を作成できます。これらはISO、EN、DINなどの規格に則しています。ねじも切れます。

ソケットピンに全ねじを差し込みブーリアン演算の減算を施すことでねじを切れます。

12章

BIM機能を利用して倉庫を作ります。FreeCADを使えば簡単な建築物の立体化は容易です。土木にも応用できます。一度、試してみませんか。

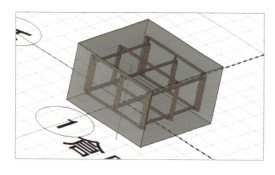

鉄筋コンクリートの鉄筋をFreeCADで再現することも可能です。

鉄筋はいくつか決まった形状が格納されています。フリーハンドの直線を鉄筋にすることもできるため、応用すれば大型構造物の鉄筋も立体化できます。

13章

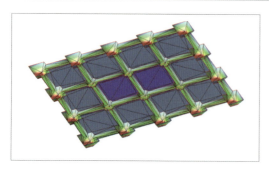

ICT建機を動かすための3次元施工データを2DCAD、FreeCAD、トリンブルビジネスセンターにて作ります。

作図の方法を学べば、3D化はクリック1回にて可能です。従来の方法と比べて圧倒的なスピード感とコスト削減が可能となります。

Chapter 1

FreeCADの導入と基礎知識

1章ではFreeCADの導入方法と基礎知識を順番にわかりやすく説明していきます。まずはFreeCADのダウンロードとインストールからはじめてみましょう。ソフトの準備が整ったらマウスを動かしてCADに慣れてみましょう。そして、FreeCADを簡単に使うための設定をしていきます。

Section 1-1 ダウンロードとインストール

ダウンロードとインストール方法を手順に沿って進めてみましょう。FreeCADのバージョンは1.0(執筆時)現在になります。動作不良を避けるため、旧バージョンのアンインストールならびに、ユーザー設定などのシステムデータも削除をしてください。以前のバージョンの追加プログラムやマクロを消したくない方は、別途別ファイルにデータを移してください。

1 FreeCADの公式HPにアクセスします。

▶URL：https://www.freecadweb.org/index.php?lang=ja

🔽 図1-1

2「今すぐダウンロード」をクリックします。

🔽 図1-2

3 OSの種類を選びます。Windows、Mac、Linuxの3種類が用意されています。本書はWindows版の説明をしていきます。

🔽 図1-3

4 「x86_64 installer」をクリックします。

⬇図1-4

5 データのダウンロードが開始されると同時に寄付のお知らせ画面が表示されます。寄付をしたい場合は寄付をします。

⬇図1-5

6 ダウンロードデータをクリックし、インストーラーを起動します。その後、案内に従ってインストールをします。

⬇図1-6

7 セットアップウィンドウが表示されます。「次へ」をクリックします。

8 使用許諾契約を確認し、「次へ」をクリックします。

9 インストールするユーザーを選択し、「次へ」をクリックします。

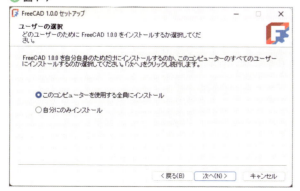

10 インストール先を指定し、「次へ」をクリックします。

⬇ 図1-10

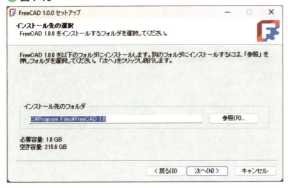

11 インストールしたい構成要素にチェックをし、「次へ」をクリックします。基本的にそのままのチェックで大丈夫です。

⬇ 図1-11

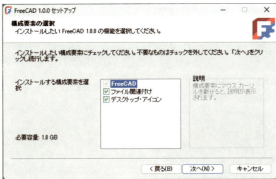

12 スタートメニューのフォルダ名を作成し、「次へ」をクリックします。

⬇ 図1-12

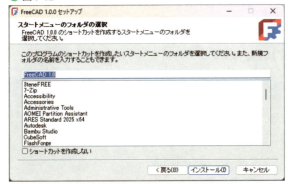

13 インストールが開始されます。

🔽 図1-13

14 インストールが数分で完了します。「完了」をクリックし終了します。

🔽 図1-14

プログラムは規定通りの場合Cドライブの Program Files にインストールされます。
一度、確認してみましょう。

⬇ 図1-15

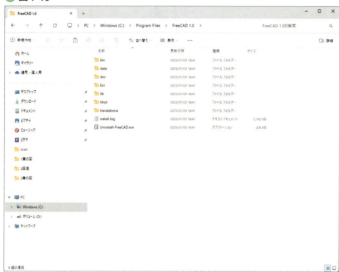

追加したプログラムは Program Files ではなく Macro 及び Mod に保存されます。インストールした直後は何もファイルがない状態です。

※1 パス：ユーザー >AppData>Roaming>FreeCAD
※2 隠しファイル：App Data を表示するには隠しファイルにチェックをします。

⬇ 図1-16

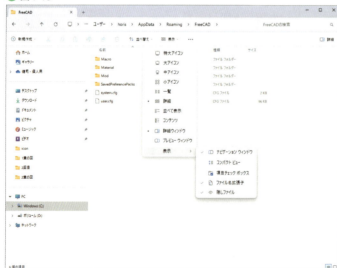

Section 1-2 基礎知識

FreeCADの基礎知識を紹介します。まずはソフトを起動してマウスを動かし、少しずつ慣れていきましょう。画面構成を理解したらデザインに必要な設定を学びます。1つ目は起動とデータの保存です。

⚙ 初回起動とデータの保存

ソフトの起動、新規データの作成、データの保存をマスターしましょう。以下が詳しい手順です。

1 デスクトップのFreeCADアイコンをクリックしソフトを起動します。FreeCADへようこそが表示されます。この画面にて4つの設定を行います。
言語は日本語、使用する単位は標準(mm,kg,s)ナビゲーションスタイルはTinkerCADを選択します。最後にテーマはFreeCADライトとします。その後、終了をクリックします。

🔽 図1-17

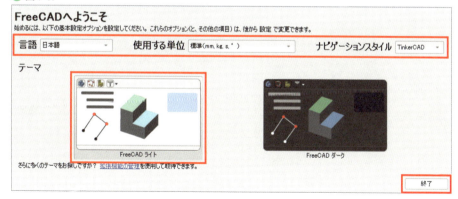

2 スタート画面が表示されます。「2D基本設計（下書き）」をクリックし作業を開始します。

🔽 図1-18

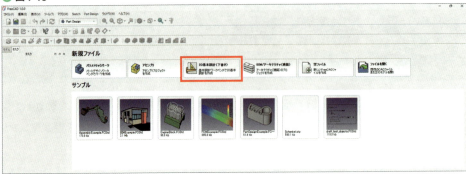

3 白色の画面が表示されます。ここが作業画面です。

🔽 図1-19

4 データの保存はメニューバーの「ファイル」メニューから「名前を付けて保存」をクリックします。2回目以降の保存は「上書き保存」をクリックします。CTRLキー +Sキーを同時押しすると上書きができますので覚えておきましょう。

⬇ 図1-20

ワークベンチにアクセスしよう

FreeCADにはワークベンチと呼ばれる機能が用意されています。これは、作業部屋をイメージしていただけるとわかりやすいです。

例えば、作図をするときはドラフトワークベンチ、立体化するときはパートワークベンチといった感じです。ここではワークベンチへのアクセスを覚えましょう。以下が詳しい手順です。

1 プルダウンメニューを探しましょう。**画面中央の上部です。**

⬇ 図1-21

2 プルダウンメニューを展開します。そこから「Draft」と「Part」を見つけましょう。

🔽 図1-22

3 DraftとPartを見つけたらクリックしてみましょう。画面のアイコンが変わります。
Draftは下書き、Partは立体化のアイコンが表示されます。
後ほど詳しく説明します。今はワークベンチ毎で表示されるアイコンが異なるということを覚えてください。
Draftに戻します。

4 表示しきれないアイコンが画面の右側に隠れています。マウスをドラッグさせて任意の場所に配置します。

🔽 図1-23

5 「Part」をクリックしてみましょう。アイコンが変わります。

🔽 図1-24

6 ここで紹介した以外にもたくさんのワークベンチが用意されています。詳しくはwikipedia に掲載されていますので確認してみましょう。記載言語は英語ですが、Googleの翻訳機能 を使えば日本語にできます。

▶ URL：https://wiki.freecadweb.org/Workbenches

⬇ 図1-25

- Std Base. This is not really a workbench, but rather a category of 'standard' commands and tools that can be used in all workbenches.
- The Assembly Workbench for building and solving mechanical assemblies. introduced in 1.0
- The BIM Workbench for working with architectural elements and creating BIM models. It combines the Arch Workbench and the formerly external BIM Workbench available in 0.21 and below.
- The CAM Workbench is used to produce G-Code instructions. This workbench was called "Path Workbench" in 0.21 and below.
- The Draft Workbench contains 2D tools and basic 2D and 3D CAD operations.
- The FEM Workbench provides Finite Element Analysis (FEA) workflow.
- The Inspection Workbench is made to give you specific tools for examination of shapes. Still in the early stages of development.
- The Material Workbench handles the FreeCAD material system. introduced in 1.0
- The Mesh Workbench for working with triangulated meshes.
- The OpenSCAD Workbench for interoperability with OpenSCAD and repairing constructive solid geometry (CSG) model history.
- The Part Workbench for working with geometric primitives and boolean operations.
- The Part Design Workbench for building Part shapes from sketches.
- The Points Workbench for working with point clouds.
- The Reverse Engineering Workbench is intended to provide specific tools to convert shapes/solids/meshes into parametric FreeCAD-compatible features.
- The Robot Workbench for studying robot movements. Currently unmaintained.
- The Sketcher Workbench for working with geometry-constrained sketches.
- The Spreadsheet Workbench for creating and manipulating spreadsheet data.
- The Surface Workbench provides tools to create and modify surfaces. It is similar to the Part Builder Face from edges option.
- The TechDraw Workbench for producing technical drawings from 3D models. It is the successor of the Drawing Workbench.
- The Test Framework Workbench is for debugging FreeCAD.

Obsolete

The following workbenches are no longer included after version 0.21:

- The Start Workbench allows you to quickly jump to one of the most common workbenches.
- The Web Workbench provides you with a browser window instead of the 3D view within FreeCAD.

The following workbenches are no longer included after version 0.20:

開発中のワークベンチもあります。興味のある方は調べてみましょう。

▶ https://wiki.freecad.org/Workbenches#External_workbenches

Section 1-2　基礎知識　**29**

🔽 図1-26

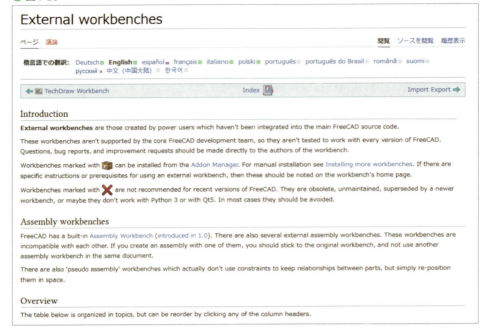

　この段階ではワークベンチというものがあるということを理解していれば大丈夫です。次は、マウスの操作方法を紹介します。

⚙ マウスを動かしてみよう

　CADを操作するにはマウスが欠かせません。一般的な左ボタン、右ボタン、ホイールボタンがあるものを準備しましょう。それではマウス操作の練習です。

✤ 左ボタン

　左クリックは選択・決定です。

✤ 右ボタン

　右クリックを押すとメニューが出てきます。補助です。

✤ スクロールホイール

　スクロールホイールを回すと画面が拡大縮小します。せっかくですので何かモデルを挿入しましょう。

🔽 図1-27　　　　　🔽 図1-28　　　　　🔽 図1-29

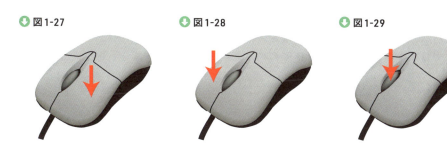

プルダウンメニューを展開し、「Part」を選択します。

🔽 図1-30

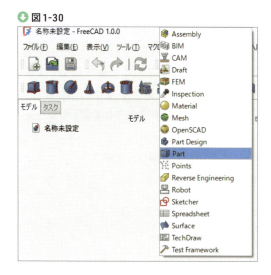

次に、円柱の形をしたアイコンを左クリックします。

🔽 図1-31

🔽 図1-32

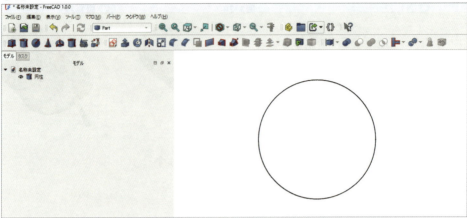

　画面に円が表示されます。スクロールホイールを回すと画面が拡大縮小しますので、円が拡大縮小したように見えます。
　ここからが少し難しい操作になります。3DCADの操作で必要なのでしっかり覚えましょう。
　まずは画面移動です。スクロールホイールを回さずに押した状態でマウスをドラッグします。上下左右に画面の中を動くことができますので、画面いっぱいの大きなモデルを作るときに役立ちます。

🔽 図1-33

　次は画面の中で回転する方法を紹介します。この操作が最難関ですが、覚えてしまえば簡単です。
　モデルをいろんな角度から見ることができるので、確認しながら作図をすることができます。

右ボタンをクリックし押したままの状態で、マウスをドラッグさせます。円柱が回転するので試してみましょう。画面が回転すると右上のキューブも同時に回ります。このキューブはどの面を見ているのかを表示しています。

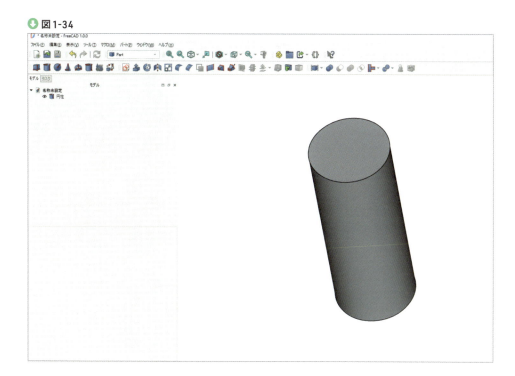

図1-34

画面を切り替えてみよう

　画面を回転させると右上のキューブが回ります。試しに「下」と書かれた面をクリックすると円柱の下面が表示されます。
　「前」が正面、「上」が上面、「右」が右面、「左」が左面、「後」が背面を表示します。キューブの面か矢印ボタンをクリックすることで回転ができるので、何回かクリックしてそれぞれの面を確認しましょう。

◎図1-35

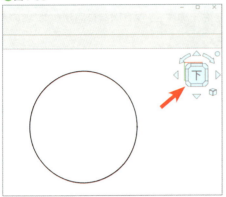

◎図1-36

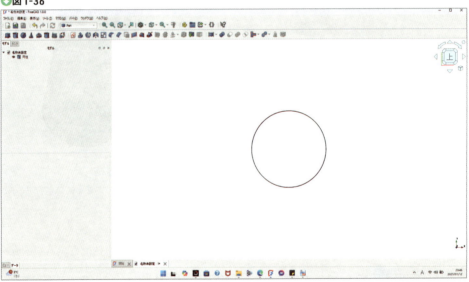

　キューブの右下にある立方体のボタンをクリックすると、正投影ビュー、透視投影ビュー、等角投影を選ぶことができます。透視投影ビューだとかっこいいですね。デフォルトは正投影ビューです。

　好みの投影方法を選びましょう。本書は正投影ビューにて説明します。

◉ 図 1-37

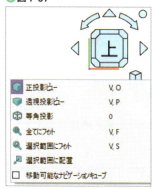

◉ 図 1-38

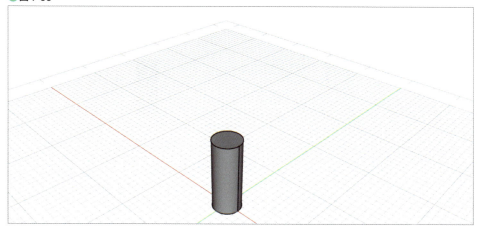

　メニューバーからも同様の操作ができるので合わせて覚えましょう。画面の切り替えは3DCADをするうえで重要な操作になります。慣れるまで練習しましょう。

◉ 図 1-39

等角投影とは、立体の製図法の1つである「等角投影法」のことで、わかりやすく表現すると、モデルを斜め上から見下ろした視点で描かれた図のことです。立体的にモデルが表示されるので、3Dプリンターで造形した際の完成形をイメージしやすいです。

試しに円柱の大きさを変えてみよう

試しに円柱の大きさを変更してみましょう。まずは画面の左側を確認します。

🔽 図1-40

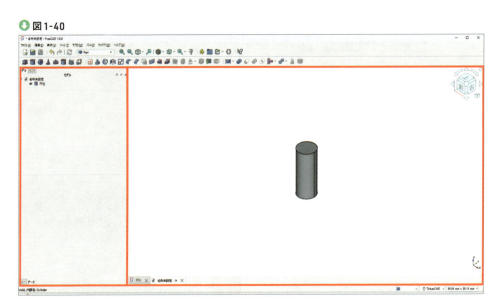

モデルとタスクと書かれたタブがあります。

モデルをクリックしてみましょう。

円柱と書かれたツリー上のデータが表示されます。

次に、円柱のタブをクリックします。

🟢 図1-41

　画面左下にAttachment、Base、Cylinder、Prismと書かれた項目が表示されます。
　ここで、CylinderのRadius(半径)を50mm、height(高さ)50mm、と入力します。すると、自動的にモデル(円柱)の大きさが変わります。
　数値を変更することで自動で円柱の大きさが変わります。

◯ 図1-42

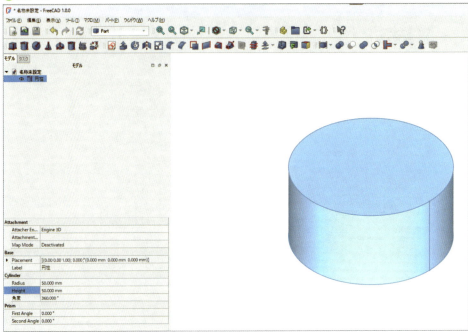

Section 1-3 全般的な設定

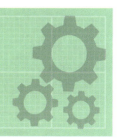

マウス操作や画面構成に慣れましたか。ここからはいよいよデザインするためにFreeCADをカスタマイズしていきます。本書にてお勧めの設定を紹介してきますので1つずつ確認しましょう。設定のためのダイアログは、メニューバーの「編集」メニューから「設定」をクリックして開きます。

 図1-43

🔽 図1-44

ダイアログ画面が出てきます。ここで決定したことがFreeCADに反映されます。FreeCADの動作が不安定になった場合は、一度、左下のリセットを押して初期化しましょう。

⚙ 言語設定

初回起動の際に日本語を選択しました。その他の言語を選びたい場合はダイアログ画面左側の「標準」アイコンの「標準」タブから、「言語」にて他言語を選択します。日本語のほかには英語、中国語、ドイツ語、ロシア語などのメジャーな言語からアラビア語等、多

くの言語に対応しています。

📥 図1-45

標準
言語と数値の書式

| 言語: | 日本語 ▼ |
| デフォルトの単位系: | 標準（mm, kg, s, °） ▼ | 小数点以下桁数: | 3 |
| ☐ プロジェクトの単位系を無視してデフォルトを使用 |
| 数値の書式: | オペレーティング システム ▼ | ☐ 小数点以下の区切り文字 |

⚙️ 単位および有効桁数の設定

　次は単位および有効桁数の設定をしていきます。ダイアログ画面左側の「標準」アイコンの「標準」タブの「言語と数値形式」から任意の値と単位を設定します。本書では1.000mmを扱うため小数点以下桁数を4とします。

📥 デフォルトの数値

単位系	標準（mm/kg/s/度）
小数点以下桁数	4

📥 図1-46

標準
言語と数値の書式

| 言語: | 日本語 ▼ |
| デフォルトの単位系: | 標準（mm, kg, s, °） ▼ | 小数点以下桁数: | 4 |
| ☐ プロジェクトの単位系を無視してデフォルトを使用 |
| 数値の書式: | オペレーティング システム ▼ | ☐ 小数点以下の区切り文字 |

⚙️ 曲線を滑らかにする設定

　FreeCADは動作を軽くするために曲線の処理を荒く設定してあります。滑らかなモデルをデザインするために曲線の処理を細かくします。細かくしすぎるとPCに負荷がかかるため、0.1%とします。

　画面左側の「Part/Part Design」アイコンからシェイプビュータブをクリックし、テッセレーションの「モデルのバウンディングボックスに依存する最大偏差」の値を変更します。「Part/Part Design」のタブが表示されない場合は、プルダウンメニューにて「Part」のワークベンチを選択した後に設定を開きましょう。

⬇ 図1-47

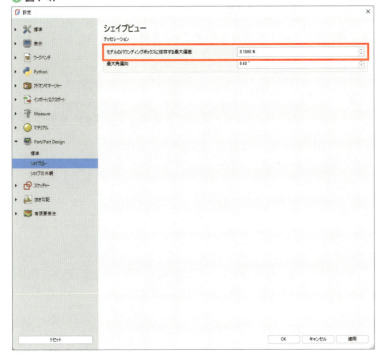

最大偏差を99%とすると、曲線が目視で確認できるほどカクカクな状態になります。画面上でカクカクしている場合、3Dプリンターで造形した際も同様になってしまうため、注意が必要です。

⬇ 図1-48

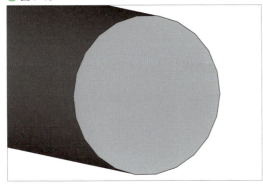

座標の拡張方法の設定

座標の大きさを造形できる最大寸法に合わせておくと便利です。

🔽 図1-49

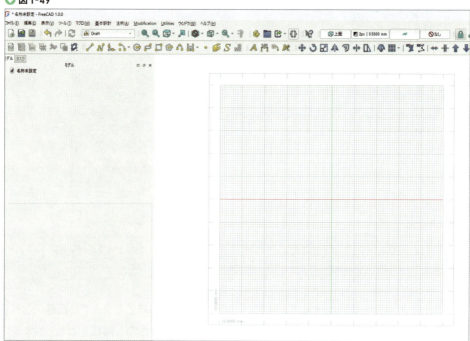

　座標の設定は、先程使った設定ダイアログから行います。「Draft」アイコン（バージョンによっては「抜き勾配」）から「グリッドとスナップ」タブを開き、「グリッド」でまとめられた部分から行います。

- ◆「Major lines every（主線の間隔）」は線の数
- ◆「グリッド線の間隔」は1マスの大きさ
- ◆「グリッドの大きさ」は座標の大きさ

🔽 **図1-50**

　自分好みの座標を作りましょう。1マスを0.1mmにすることもできます。

　設定にて「Draft」が表示されない場合は、プルダウンメニューから「Draft」を選んでから設定を開きます。

Section 1-4 色の設定

基本的な設定は終わりました。次は色の設定を説明します。自分好みの色調にしていきましょう。

背景色の設定

本書では白色で説明していきます。

表示アイコンから「色」タブを選び、「背景色」の「単色」を白色にします。2色のグラデーションをつけることも可能ですので、自分好みにカスタマイズしましょう。

※補足：目が疲れにくいのは黒色です。反対に、疲れやすいのは白色ですので画面の明るさを落としましょう。白色の画面は黄色の線を見落としやすいので注意が必要です。緑色は目に優しい色だそうです。

🔽 図1-51

色調スタイルを選択

　FreeCADでは色調を個別に決める方法のほかに、すでに用意されている色調セットを選ぶこともできます。本書では初回起動時に設定したFreeCAD Lightにて説明します。ダーク系なども選べるので、好きなものを選びましょう。

　スタイルを選択するには「標準」アイコンから「標準」タブを選び、「アプリケーション」の「テーマ」から設定します。

⬇ 図1-52

　拡張機能の管理をクリックすることでテーマを拡張することもできます。興味のある方は試してみましょう。

図1-53

補助色の設定

　ここで忘れてはいけない色が補助色です。デザインするとき、線を引くとき、線を結合するときなど、多くの操作の途中段階で補助色によるサポートがあります。でも、背景色が白色で補助色が白色の場合は見えないですよね。そのため、補助色は背景色と違う色に設定しましょう。補助色は目立ってほしい色のため、背景色が白色の場合は赤色、背景色が黒色の場合は白色がお勧めです。

　「Draft」アイコン（バージョンによっては「抜き勾配」）の「グリッドとスナップ」タブから「Snap symbol style」の色を赤色にします。

🔽 図1-54

　「抜き勾配（Draft）」が表示されない場合は、プルダウンメニューから「Draft」のワークベンチを選んだ後に設定を開きます。

Section 1-5 便利な設定

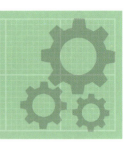

画面の回転位置を画面の中心にして操作性を向上させる

　画面の回転位置をマウスカーソルではなくて、画面の中心にすることで劇的に操作性が向上します。一度試してみましょう。画面左側の「表示」アイコンから「ナビゲーション」タブを選択し、「回転」モードを「オブジェクトの中央」とします。

🔽 図1-55

　設定が完了したらOKをクリックし閉じます。

Chapter
2

作図

第2章ではFreeCADを最速でマスターするために必要な操作1つ目の「作図」を紹介していきます。作図とは、直線や曲線を描いて図面を描くことです。製品や構造物は作図によって作られた図面をもとに製造されています。

図面と聞くと難しいと思われるかもしれませんが、紙とペンを持って絵を描くことと同じ操作をFreeCADで行います。マウスを使って直線や曲線を描く方法を紹介していきますので、まずは慣れてみましょう。

Section 2-1 CADの概念

　CADの概念から紹介していきますのでこれからCADを始める方は覚えておきましょう。

　CADとは、コンピュータ支援設計（Computer-Aided Design）の略称で、コンピュータを利用して製図や設計を行うことを指します。CADは、建築、機械、電気・電子、土木などの各分野で使用されており、従来の手描きによる設計に比べて正確性や効率性が高く、また設計の修正や変更も容易に行えます。

　CADを用いることで、製品の設計・開発にかかる時間やコストを削減することができるため、現在では多くの産業分野で広く普及しています。大きく分類すると2次元と3次元があります。

🔽 図2-1

Section 2-2 2次元CADの概念

　2次元CADは、コンピュータ支援設計（CAD）の一種であり、平面（2次元）上での設計・図面作成に使用されるソフトウェアです。2次元CADでは、線や円、多角形などの図形を描画し、寸法や注釈などを付けることができます。また、作成した図面は、印刷や電子ファイルとして保存することができます。

　2次元CADは、建築や機械設計、電気回路設計など、さまざまな分野で使用されており、種類としては、AutoCAD、SolidWorks、DraftSight、LibreCADなどがありFreeCADもこれらの1つです。

⬇ 図2-2

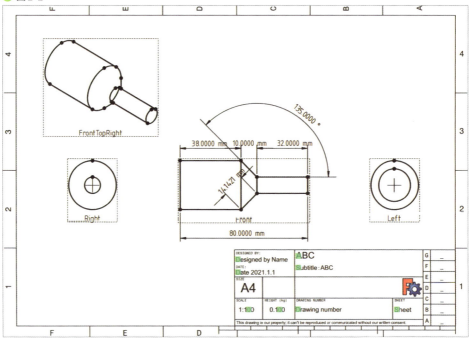

　概念についてはよろしいでしょうか。次は2次元CADに必要な3つの事柄を学んでいきます。座標、図面、単位です。

座標

CADにおいて使用される座標は、通常、直交座標系（デカルト座標系）を使用し、図形の配置やサイズなどを指定するために使用されます。一般的には、2次元CADではx軸とy軸の2つの座標を使います（3次元CADではx軸、y軸、z軸の3つの座標を使います）。

図2-3

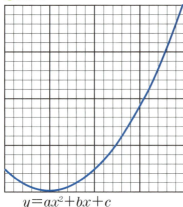

$y = ax^2 + bx + c$

ここで示す座標とは、小中高校で学んだ関数の座標のことです。今一度思い出してみましょう。横方向がX軸、縦方向がY軸、交点が原点です。この座標にPCを使って作図をすることがCADです。

CADソフトウェアによっては、異なる座標系を使用することがあります。例えば、建築分野では、建物の床面に平行な座標系を使用することがあります。また、機械分野では、部品の固定点を基準にした座標系を使用することがあります。本来の基準は原点です。

FreeCADでは原点を中心にして作図することを心がけましょう。

CADで使用される座標は、正確さと精度が非常に重要です。設計や製造に誤差があると、製品の品質や機能性に影響を与える可能性があります。したがって、CADソフトウェアは、高精度の座標入力を提供しています。例えば、スナップ機能です。（線を描くときにこれがずれないように補助してくれる機能。後述します。）

平面図・断面図・側面図

座標について知識が深まったところで次は平面図、断面図、側面図について覚えましょう。平面図、断面図、側面図は、図面上でオブジェクトを3つの視点から描写することで、オブジェクトの形状やサイズを正確に表現するための図面の種類です。

平面図は、オブジェクトを上から見た図であり、オブジェクトがどのように配置されているかを示します。平面図は、建物の間取り図や、機械部品の配置図などに使用されます。

　断面図は、オブジェクトを横方向に切り取った断面を描いた図です。断面図は、建物の断面図や、機械部品の断面図などに使用されます。断面図は、オブジェクトの内部構造や材料の断面形状を正確に表現することができます。

　側面図は、オブジェクトを側面から見た図であり、オブジェクトの高さや奥行きを示します。側面図は、建物の正面図や、機械部品の側面図などに使用されます。側面図は、オブジェクトの奥行きやプロポーションを正確に表現することができます。

　これらの図面は、CADソフトウェアを使用して描画することができ、CADを使用することで複雑なオブジェクトを正確に描画することができます。また、CADを使用することで図面を簡単に修正したり、異なる視点から見た図面を簡単に作成したりすることができます。

　そして、これら3つの図を重ねたものを三面図と呼びます。

寸法と単位

　CADで必要な寸法とは、設計図面上のオブジェクトの正確なサイズや位置を示す数値のことです。CADで設計をする際には、製品や建物の設計図面上に必要な寸法を記載する必要があります。

　CADで必要な寸法には、以下のようなものがあります。

外形寸法	製品や建物の全体の寸法を示す寸法です。外形寸法には、長さ、幅、高さなどが含まれます。
重要寸法	製品や建物の機能を決定する重要な部分の寸法です。例えば、機械部品の軸の直径や建物の柱の太さなどが重要寸法に該当します。
関連寸法	設計において他の寸法と比較して重要度が低い寸法です。例えば、製品の角度や曲率半径などが関連寸法に該当します。
公差	設計において許容される誤差範囲を示す数値です。公差は、製品の精度を保証するために非常に重要な役割を担っています。

　CADで設計をする際には、これらの寸法を正確に記載することが非常に重要です。正確な寸法を記載することで、製品や建物の精度を保証することができます。

　そして、寸法を決める際に重要なのが単位です。メートルなのか?インチなのか?図面で指定してあげる必要があります。第1章にて寸法単位の設定を紹介していますので確認してみましょう。

Section 2-2　2次元CADの概念　53

メートルとインチ

　メートルとインチは、世界中で使用される長さの単位ですが、単位系が異なるため、換算が必要になります。メートルは、国際単位系（SI）における長さの基本単位であり、1メートルは約39.37インチです。一方、インチは、イギリスやアメリカで使用される長さの単位であり、1インチは約0.0254メートルです。

　CADや設計業務では、メートル単位での設計が一般的であり、国際的な標準化が進んでいます。しかし、アメリカをはじめとする一部の国では、インチやフィート単位での設計が一般的であり、その場合はメートルとインチの換算が必要となります。

　以下は、メートルとインチの単位換算に関する例です。

1メートル	39.37インチ
1インチ	0.0254メートル

　例えば、1000mmの寸法をインチに換算する場合、1000を39.37で割ることで、約25.4インチになります。同様に、10インチの寸法をメートルに換算する場合は、10に0.0254をかけることで、約0.254メートルになります。

Section 2-3　3次元CADの概念

　3次元CADは、3次元空間内でオブジェクトを設計するためのCAD技術です。2次元CADでは平面図面上に図形を描画することができますが、3次元CADでは幅、高さ、奥行きの3つの次元を用いて、立体的な形状を表現することができます。

　3次元CADを使用することで、設計者は物体の内部構造や形状を正確に可視化でき、実際に製品を製造する前にデザインやプロトタイプを調整することができます。また、3次元CADモデルは、シミュレーションや解析にも使用され、製品の機能や性能を評価することができます。

　3次元CADの主な機能は以下の通りです。

3次元モデリング	幅、高さ、奥行きの3つの次元を使用して、立体的な形状を表現します。
パーツアセンブリ	複数の部品を組み合わせ、1つの製品として設計することができます。
レンダリング	3次元モデルに色、質感、光源などを追加し、リアルな外観を再現します。
解析	3次元モデルを使用して、力学的な解析やシミュレーションを行い、製品の機能や性能を評価します。

　3次元CADの利点は、製品の設計プロセスを高速化し、正確性を向上させることができることです。また、3次元モデルは、ビジュアル化することができるため、製品の理解を深めることができます。

立体図（アイソメトリック）

　3次元CADの概念について広く紹介しました。3次元の場合はアイソメトリックを多用するので覚えておきましょう。

　アイソメトリックとは、3次元オブジェクトを平面上に投影した図法の1つで等角図法の一種です。アイソメトリック図法では、幅、高さ、奥行きの3つの方向に等しい比率で線を描き、オブジェクトを表現します。

　アイソメトリック図法は、3次元オブジェクトの立体感を平面上で表現することができ、

工業製品や建築物の設計図面、機械部品の図面などで広く使用されています。また、アイソメトリック図法は、工業製品の組み立て手順や製造工程を理解するための視覚的な手段としても役立っています。

🔽 図 2-4

Section 2-4 FreeCADでの作図

　FreeCADでの作図機能は他の有料2次元CAD及び3次元CADとは見劣りしますが基本的な機能は有しており、FreeCADで作図した製品を3Dプリンターで造形することが可能です。一連の流れとしては、2次元製図→2次元モデルを3次元化→3Dプリンターで造形です。

　FreeCADは3次元CADのため2次元製図を省略して3次元製図から取り組むことは可能なのですが非常に難解であり、CAD初心者向けの本書の趣旨から逸脱するため今回は省略します。

FreeCADでの2次元製図の準備

　それでは実際にFreeCADで2次元製図に取り組んでみましょう。まずは準備です。座標を表示し、真上から見た状態の平面図を描く準備を整えます。

1 ファイルメニューのファイルから「新規」をクリックして新規データを作成します。ドラフトワークベンチを開くと自動的に座標が表示されます。座標が表示されない場合は、「ドラフトグリッドの切り替え」をクリックします。

🟢 図2-5

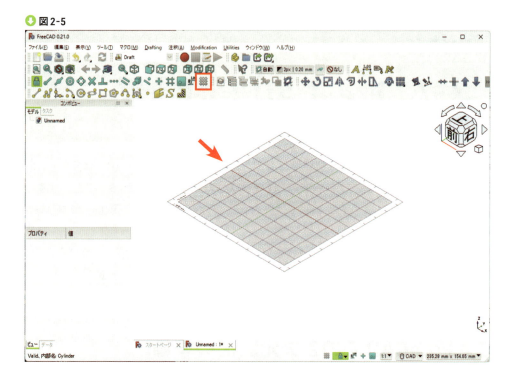

2 画面を真上から見た状態とするため、右上のキューブにて上を選択します。

🟢 図2-6

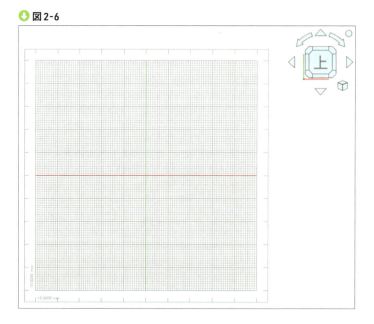

3 画面が真上から見た状態に変わります。

4 作図がしやすいようにスナップ機能をONにします。AutoCADを操作している方なら普段から使っているものと同じ機能です。どのような機能かというと、まっすぐな線を引く、直角に引く、線と線を連結させる。といった具合に、作図を補助してくれる機能です。詳しくは項目「スナップ機能」にて紹介します。
FreeCADでもまったく同じ機能が搭載されていますので、使っていきましょう。
スナップ機能のアイコンがデフォルト状態で非表示となっているので注意が必要です。
プルダウンメニューからDraftを選択し、画面の右上にて右クリック、基本設計スナップにチェックをします。

🔽 図2-7

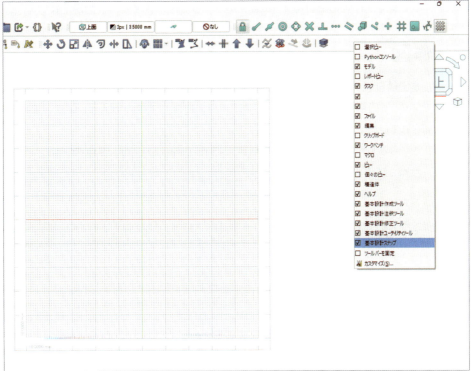

5 通常の状態ではスナップがOFFになっているので、ONにします。南京錠の形をしたアイコンをクリックするとスナップがONになります。

🔽 図2-8

6 南京錠アイコンの右側にいろいろなスナップが用意されていますが、初心者の方は使うものを2つに絞りましょう。

「Snap Endpoint」と「Snap Grid」をクリックします。スナップエンドポイントは線と線を連結させるスナップです。スナップグリッドは座標に沿って線が引けるスナップです。

図2-9

ここまでが作図の準備です。準備ができたら実際に線や曲線、図形を描いてみましょう。

作図

まずはFreeCADにどんな作図機能があるか紹介していきます。ただ単に直線を引くだけではなく、円弧曲線、スプライン曲線、ベジエ曲線、文字の挿入等、面白い機能が標準装備されています。

こちらがFreeCADに標準装備されている作図アイコンです。黄色のアイコン群です。

左から順番に紹介します。

図2-10

- 直線：直線を引きます。
- ポリライン：連続した直線を引きます。
- フィレット：コーナーを丸めます。
- 円弧：半径を指定して円弧曲線を描きます。
- 円：円を描きます。
- 楕円：2つの半径を指定して楕円を描きます。
- 四角形：四角形を描きます。
- 多角形：多角形を描きます。
- スプライン曲線：任意の円に沿って曲線を連続させます。
- ベジエ曲線：ベジエ曲線を描きます。
- 点：点を挿入します。
- フェイスバインダー：複数の面をまとめて1つの面にします。
- 文字：文字を挿入します。

直線を描く

まずは直線を描いてみましょう。

◎ 図 2-11

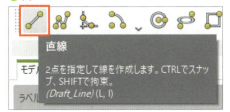

1. 新たに「FreeCADでの2次元製図の準備」の手順1〜6を行います。
2. 直線アイコンをクリックします。
3. 直線の始点を決定します。座標の原点にマウスカーソルを合わせてクリックしましょう。このときに赤色の丸の形をしたサポートが表示されます。丸の位置と座標の交点を合わせてからクリックです。

サポートの色はデフォルトで黒色です。赤にする場合は第1章を確認しましょう。
座標の横軸がX軸、縦軸がY軸、交点が原点です。この画面には表示されていませんが、上方向がZ軸になります。座標については小学校、中学校の数学と同じ考え方です。

◎ 図 2-12

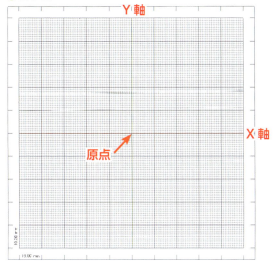

4 直線の終点を決定します。XY座標(10,0)にてクリックしてみましょう。座標の1マスが1mmのため、10mmの直線が引けます。

⬇ 図2-13

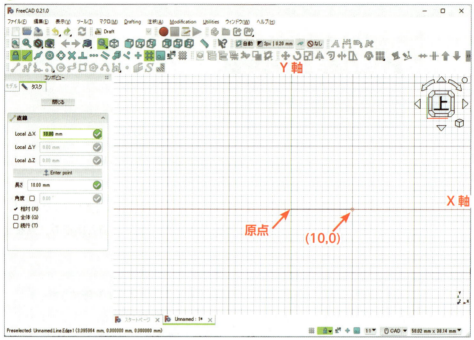

5 2本目の線を引きます。直線アイコンをクリックします。

⬇ 図2-14

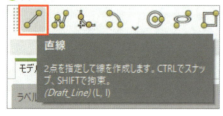

6 1本目の終点と2本目の始点を合わせます。マウスカーソルを座標(10,0)に合わせてクリックすると、直線が連結されます。

🔽 図2-15

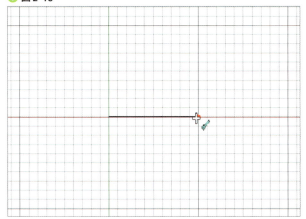

ポリラインを描く

ポリラインとは、連続した直線のことです。一筆書きで作図ができるので便利な機能です。使ってみましょう。特徴は、始点と終点を閉合させると面が表示されます。

1 新たに「FreeCADでの2次元製図の準備」の手順1〜6を行います。

2 ポリラインアイコンをクリックします。

🔽 図2-16

3 原点でクリック、続けて(9,1)、(9,8)でクリックします。最後に原点付近にカーソルを移動させ、クリックします。赤い丸印（色変更していない場合は黒い丸印）が出てきたあとにクリックします。

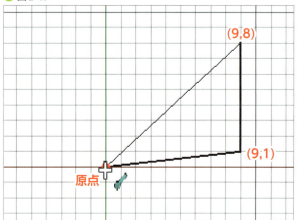

図2-17

4 始点と終点を閉合させると面が生成され、画面を少し回転させてあげることで確認できます。3DCADでは面の事をサーフェスと呼ぶので覚えておきましょう。

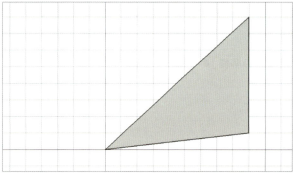

図2-18

5 始点と終点を閉合させない場合は、操作をキャンセルするまで連続的に直線を引くことができます。線を引き終わりたい場合は「ESCキー」を押しましょう。

フィレットをしてみよう

　　フィレットとは、角の部分を丸めることです。機械工学分野だと加工、建設工学分野だと面取りと呼びます。丸み帯びていると肌触りがいいですし、コンクリートの角が丸まっていると欠けたりしません。

🔽 図 2-19

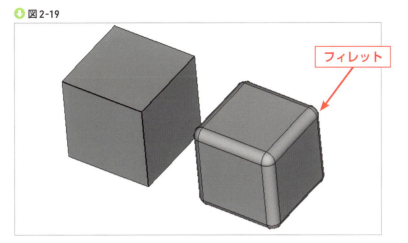

FreeCADでは隣り合う2つの直線を丸めることができます。
以下が詳しい手順です。

1 新たに「FreeCADでの2次元製図の準備」の手順1〜6を行います。
2 アイコンをクリックします。

🔽 図 2-20

3 線を引きます。直角になるように描きましょう。

🔽 図 2-21

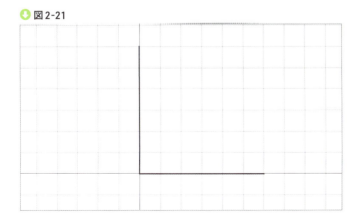

Section 2-4　FreeCADでの作図　65

4 2本の線をクリックします。1つ目の任意の線をクリック、CTRLキーを押しながら2本目の線をクリックします。2本の線が水色になったことを確認しましょう。

🔽 図 2-22

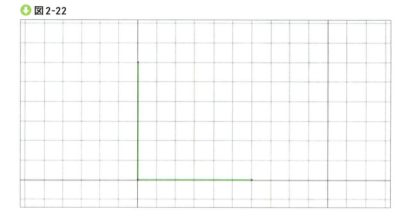

5 フィレットアイコンをクリックします。

🔽 図 2-23

6 フィレット半径を2mmと入力します。その後、Enterキーを押します。「元のオブジェクトを削除」と「面取りを作成（Create chamfer）」にチェックは入れません。

🔽 図 2-24

7 曲線が2本の直線の間にできました。

🔽 図 2-25

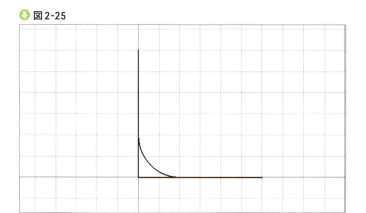

8 元の直線をクリックして Delete キーを押すと、元の直線が消えて新しい直線が残ります。

🔽 図 2-26

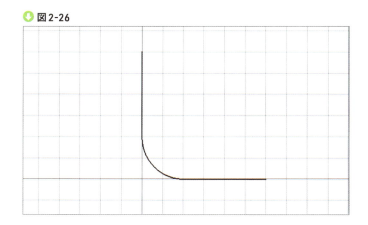

単曲線を描いてみよう

単曲線とは円弧のことです。これを描いてみましょう。コンパスで描ける円です。

1 新たに「FreeCADでの2次元製図の準備」の手順1～6を行います。

2 前に描いた図形は削除します。

3 円弧ツールアイコンをクリックします。

図 2-27

4 原点でクリックします。

図 2-28

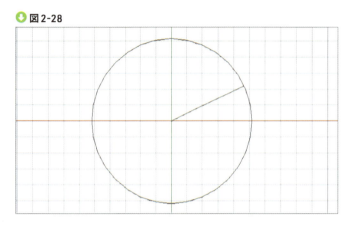

5 (5,0)にてクリックします。この操作で半径が決まります。

図 2-29

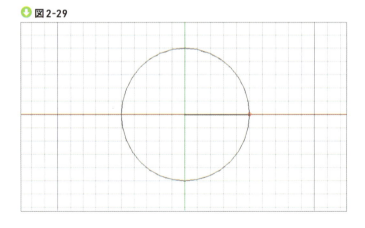

6 (0,5)にてクリックします。ここが円弧の始点になります。

🔽 図2-30

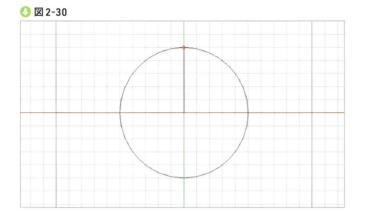

7 マウスをドラッグさせて任意の箇所まで線を引き延ばします。

🔽 図2-31

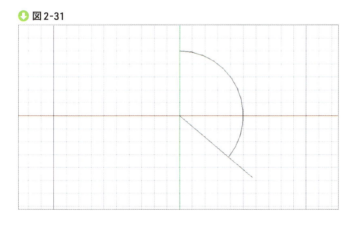

8 クリックすると円弧が決定されます。

🔽 図2-32

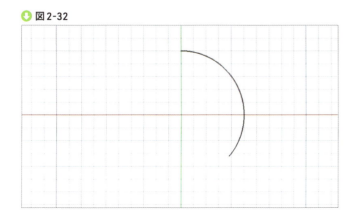

3点を指定して単曲線を描いてみよう

もう1つ単曲線の描き方があるので紹介します。こちらのほうが簡単かもしれません。

1 新たに「FreeCADでの2次元製図の準備」の手順1〜6を行います。

2 「3点から決まる円弧」アイコンをクリックします。

🔽 図2-33

3 適当な箇所で3回クリックしてみましょう。簡単に単曲線を描くことができます。

🔽 図2-34

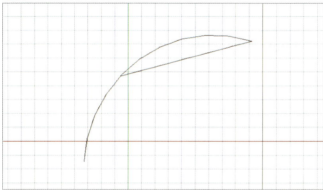

円を描いてみよう

今度は円を描いてみましょう。この機能を使えば簡単に円を描けます。

1 新たに「FreeCADでの2次元製図の準備」の手順1〜6を行います。

2 円アイコンをクリックします。

🔽 図2-35

3 原点でクリックします。その後、(5,0)にてクリックします。

🔽 図2-36

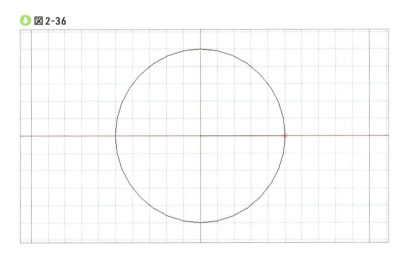

4 (5,0)をクリックしたと同時に円が決定され、面が生成されます。前にも説明しましたが、この面のことをサーフェスと呼びます。他の3DCADでも出てくる用語なので覚えておきましょう。画面を回転させることで面を確認できます。

🔽 図2-37

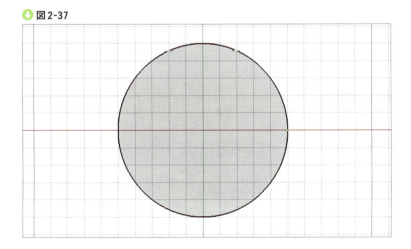

Section 2-4　FreeCADでの作図　71

楕円や四角、多角形を描いてみよう

円が描けたら楕円、四角、多角形を描いてみましょう。要領は同じです。

1 新たに「FreeCADでの2次元製図の準備」の手順1～6を行います。

2 楕円アイコンをクリックします。

図2-38

3 原点でクリックします。その後、(10,4)にてクリックします。

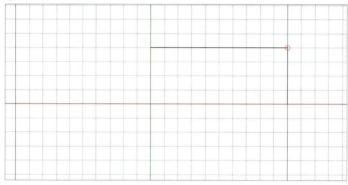
図2-39

4 楕円が生成されます。

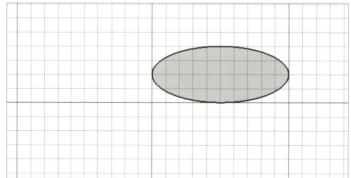
図2-40

5 四角形の場合は、四角形アイコンをクリックします。作図操作は円や楕円と同じ要領です。

⬇ 図 2-41

6 多角形の場合は、多角形アイコンをクリックします。

⬇ 図 2-42

7 原点でクリックします。その後、(5,0) にてクリックします。

⬇ 図 2-43

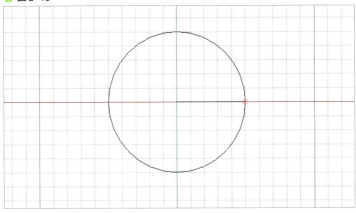

8 三角形が生成されます。

⬇ 図2-44

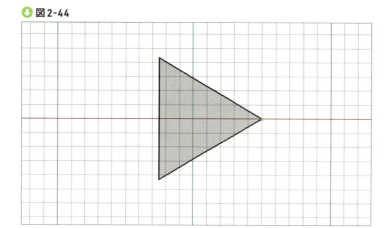

9 この三角形を五角形にもできますのでやり方を紹介します。三角形のモデルをクリックすると画面の左側にプロパティが表示されます。
※表示されない場合は、1章の「画面構成を覚えよう」を確認しましょう。

　その中から、Faces Numberを探します。デフォルトが3のため、この数字を5にしてみましょう。

⬇ 図2-45

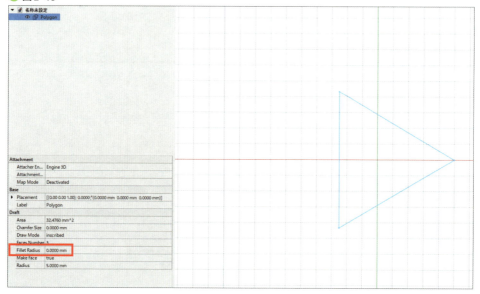

[10] 自動で五角形が生成されます。

⬇ 図2-46

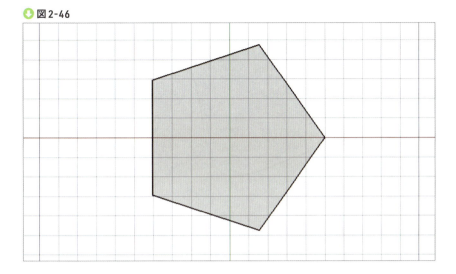

B-スプライン曲線を描いてみよう

　B-スプラインとは、複数の制御点から定義される滑らかな曲線です。FreeCADでは複数の制御点を連続して指定できるので複雑な曲線を描くことができます。それでは具体的に説明していきます。

[1] 新たに「FreeCADでの2次元製図の準備」の手順1～6を行います。

[2] B-スプラインをクリックします。

⬇ 図2-47

3 原点にてクリックします。その後、任意の点でクリックを続けます。

⬇ 図2-48

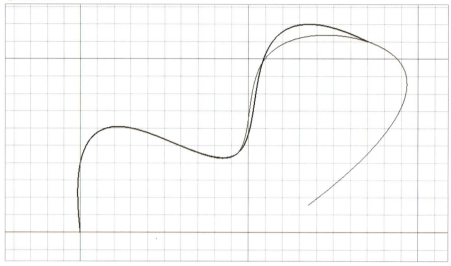

4 線を描き終わりたい場合は、Escキーを押します。線が確定されます。または、始点と終点を合わせることで作業が終わり、サーフェスが表示されます。線の上にカーソルを合わせて小さな赤色の丸印が表示された状態でクリックします。

⬇ 図2-49

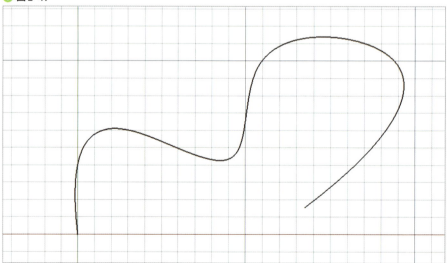

◆ 図 2-50

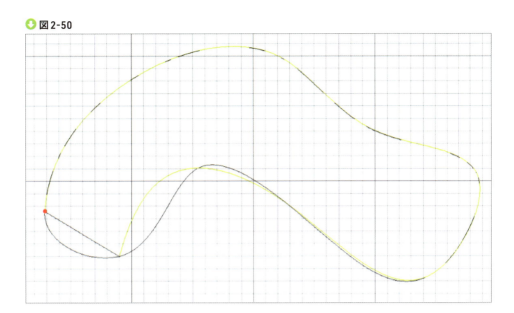

◆ 図 2-51

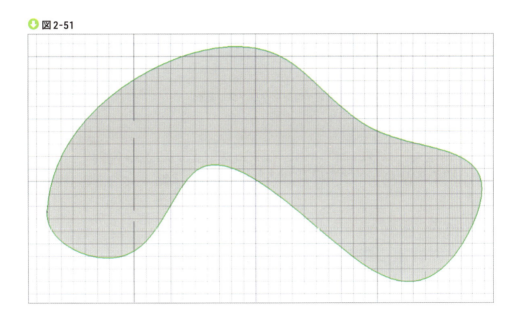

Section 2-4　FreeCADでの作図

Section 2-5 スナップ機能

　作図には慣れましたか。正確な作図をするためには線と線を「ぴったり」と結合する必要があり、「FreeCADでの2次元製図の準備」にて紹介したスナップ機能が欠かせません。

　スナップ機能とは、オブジェクトを描画するときに他のオブジェクトに自動的に「スナップ」する機能のことで（線と線を合わせることができる）、正確で一貫性のある設計を行うための補助機能です。

　スナップ機能を自由に使うことができればいとも簡単に線と線をつなぎ合わせることができますので、作図の幅が広がります。ここではスナップ機能について詳しく紹介します。

1 **デフォルトの状態ではスナップ機能がOFFですのでまずはこれをONにします。**
　※**スナップのアイコンが見当たらない場合は非表示になっています。画面の右上にて右クリック、基本設計スナップにチェックをします。**

　一番左側のSnap Lockアイコンをクリックします。

 図2-52

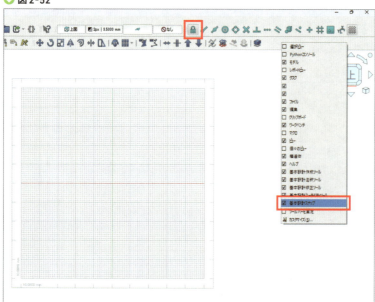

2 ONにすると右側のアイコン群が水色になりクリックが可能な状態となります。

🔽 図2-53

3 作図の際は画面をxy平面にし、座標を表示すると分かりやすいです。右上のキューブにて上を選択します。

🔽 図2-54

4 続けてグリッドの表示を切り替えアイコンをクリックします。

🔽 図2-55

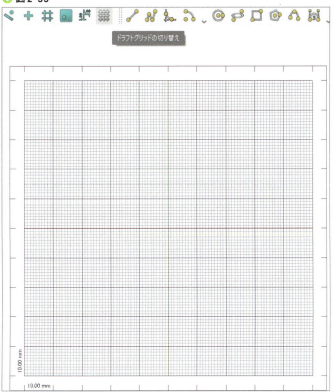

5 スナップ機能を試すためにまずは適当な線を引きましょう。線の引き方は2章の前半を確認してください。

◯ 図2-56

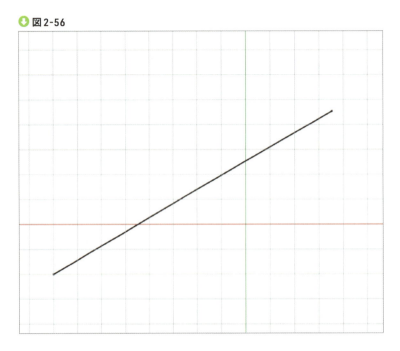

6 線をつなげる際に手動で正確に線の端部を選択するのは難しく困る事が多いです。このとき、スナップ機能が活躍します。Snap Endpointをクリックします。

◯ 図2-57

7 線のアイコンをクリックし、マウスカーソルを手順5で引いた線の上に合わせます。すると、線の端部に赤色の丸印が表示されます。（※色は1章で指定）

⬇ 図2-58

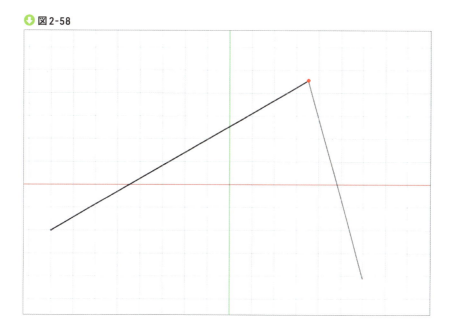

8 手順7の状態でクリックすると線と線の端部が結合されます。

⬇ 図2-59

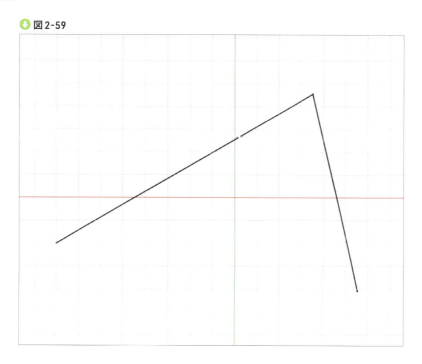

9 線の中点に線を連結させたい場合は中点スナップをONにします。

🔽 図2-60

10 線のアイコンをクリックし、マウスカーソルを手順5の線上に持ってくると、線の中点で赤色の印が表示されます。クリックすると線が中点で連結されます。

🔽 図2-61

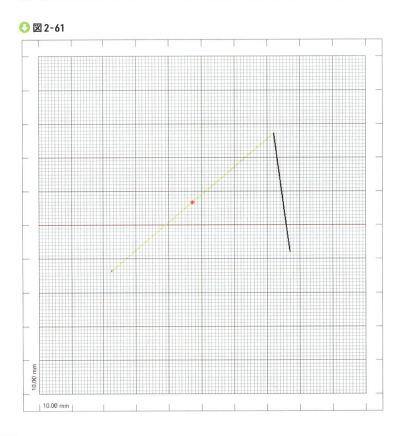

11 次はまっすぐな線を引くときに活躍するスナップを紹介します。グリッドにスナップをONにします。

🔽 図2-62

12 線のアイコンをクリックし適当な方眼の交点にマウスカーソルを移動させると赤色の丸印が表示されます。この状態でクリックすると方眼の交点が始点となり2点目も同様の作業をすることでまっすぐな線を引けます。

◯ 図2-63

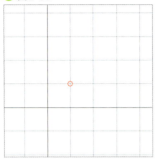

13 2点目も同様に方眼の交点をしてクリックするとまっすぐな線を引けます。
1マスが1mmのため長さの参考にしましょう。

◯ 図2-64

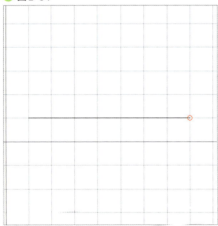

14 次は線がクロスしているとき、交点につなげる場合を紹介します。例えば図のようなときです。

◎ 図2-65

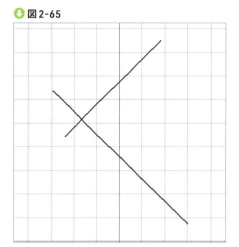

15 この場合は交点スナップをONにします。

◎ 図2-66

16 マウスカーソルを線と線の交点に移動させるとスナップが働き赤色の印が表示されます。線を連結してみましょう。

◎ 図2-67

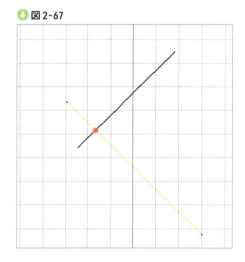

17 次は円の中心を指定するスナップの紹介です。まずは任意の円を描きましょう。描き方は2章の前半で紹介しました。

⬇ 図2-68

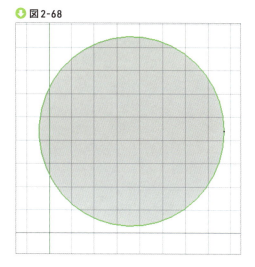

18 線を円の中心にスナップさせるためには Snap Center を ON にします。

⬇ 図2-69

19 線のアイコンをクリックし、マウスカーソルを円の中心に移動させます。スナップが働いて赤色の印が表示されます。この状態でクリックすると、線の始点が円の中心に指定されます。

⬇ 図2-70

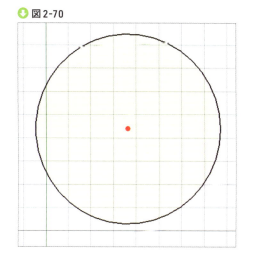

20 次は任意の点が平面に散らばっていた際、これをつなげるときに活躍するスナップの紹介です。まずは任意の箇所に数点の点をプロットします。点アイコンをクリックします。

⬇ 図 2-71

21 平面に数点の点をプロットします。

⬇ 図 2-72

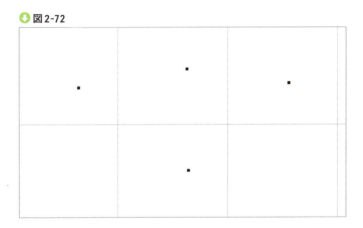

22 Snap Endpoint を ON にします。

⬇ 図 2-73

23 線のアイコンをクリックし、マウスカーソルを点の直上に持ってきます。赤色の印が表示されるので、この状態でクリックすると点と線が連結されます。

🔽 図2-74

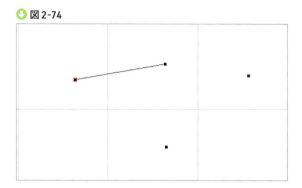

24 最後に紹介するスナップは、線を引く際に長さを教えてくれるスナップです。Snap Dimensions を ON にします。

🔽 図2-75

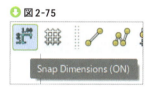

25 線のアイコンをクリックし、線を引いてみましょう。縦方向と横方向の寸法が表示されます。

🔽 図2-76

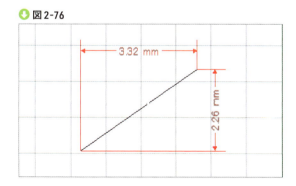

円を描く際も寸法が表示されます。

🔽 図2-77

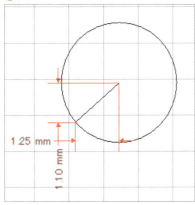

　いかがでしたか。スナップ機能を使えば作図の幅が広がり複雑な形も再現できます。練習してみましょう。

3Dに変換するための準備

　作図は慣れましたか。作図に慣れたら2Dから3Dに変換する準備をしていきましょう。
　準備で必要なことは2章で作図した各種図形に面「サーフェス」を設けてあげることのみです。サーフェスを作成してあげることで、2次元を3次元に変換するための特定の操作をすることができ、誰でも簡単に立体を作ることができます。
　この項目ではサーフェスについて、変換方法は3章にて詳しく説明します。

サーフェスを作るときの注意点

　サーフェスを作るにはエッジ同士が閉合している必要があります。どういうことかというと、隙間が開いていたらだめです。作図の際にスナップ機能を働かせて線と線を「ぴったり」とつなぎます。

サーフェスの作り方

　それではサーフェスの作り方を覚えましょう。以下が詳しい手順です。

1 直線と曲線をつなげて右のような簡単な図形を描いてみましょう。このとき、それぞれの線の端部は隣り合う線と閉合している必要があります。線と線がくっついていれば大丈夫です。

⬇ 図 2-78

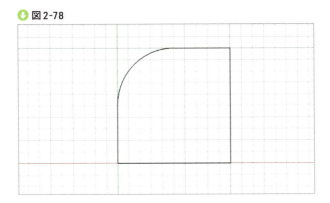

2 プルダウンメニューからDraftを探してクリックします。

⬇ 図 2-79

3 全ての線をクリックします。2本目以降の線はCTRLキーを押しながらクリックします。

⬇ 図 2-80

Section 2-5 スナップ機能 89

4 線を全て選択した状態でアップグレードボタンをクリックします。上向きの青色の矢印です。

⬇ 図2-81

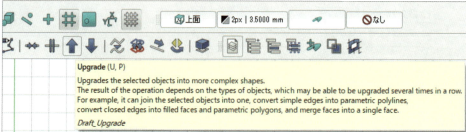

5 データが1つにまとまりWireと表示されます。

⬇ 図2-82

6 もう一度、アップグレードボタンをクリックします。

⬇ 図2-83

7 図形の輪郭の中にサーフェスができます。

データはWireからFaceへと変わり、画面を回転させるとサーフェスを確認できます。

図2-84

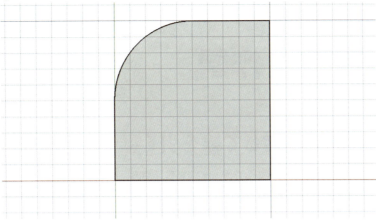

　ここまでがサーフェスの作り方です。第3章ではサーフェスを使って立体に変換する作業を実践しましょう。FreeCADにはいくつかの変換方法が備えられています。

Section 2-6 高度な作図

角度や方向を指定して線を引く

線や曲線の引き方は理解できましたか。座標を表示させ、座標の交点に沿って作図することで初心者のかたでも簡単に作図をすることができます。しかし、「Z軸方向に線を引くときはどうしたらいい？」「座標がない場合はどうやってY軸方向にまっすぐな直線を引けばいい？」というような疑問が出てきますので解消する方法を具体的に紹介します。

1 Draftにて直線をクリックし原点にてクリックします。

⬇ 図2-85

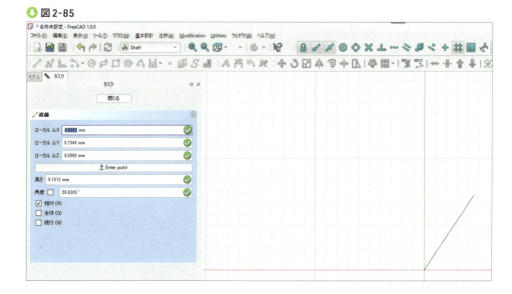

2 ローカルxyzに数値を入力します。xは0mm、yは0mm、zは100mm。Enterキーを押すことで次の項目へ進みます。

◯ 図2-86

3 z軸プラス方向へ長さ100mmの線が引けました。

◯ 図2-87

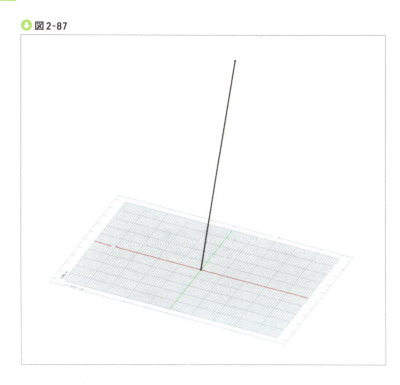

4 次は指定した角度の線を引きます。手順2に戻ります。

　角度にチェックを入れ30度と入力します。そうすると、角度が固定された状態で線を引くことができます。

🔽 図2-88

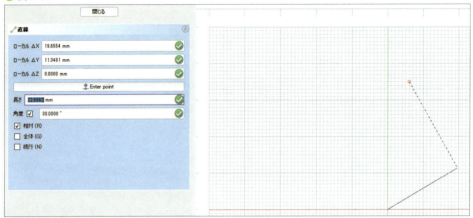

座標面を移動させる

　次は座標面を任意の面に移動させる方法を紹介します。座標の位置が動いたことでそれぞれの座標の場所で座標に沿った下書きが可能となります。そうすることでより自由度の高い下書きをすることができます。以下が具体的な操作方法です。

1 Partワークベンチを開き、立方体のアイコンをクリックし立方体を作ります。

🔽 図2-89

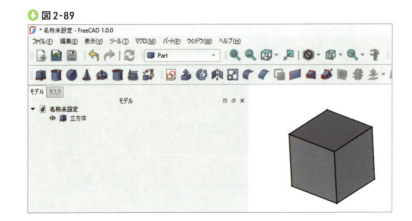

2 Draftワークベンチに移動し、座標を表示させます。このとき、座標は立方体の下面に表示されています。

⬇ 図2-90

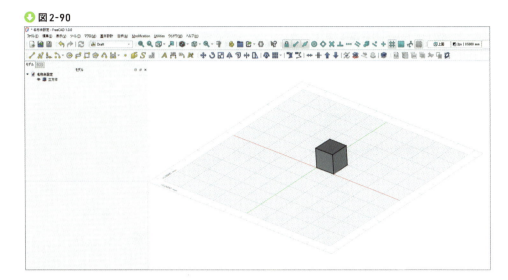

3 立方体の側面をクリックします。

⬇ 図2-91

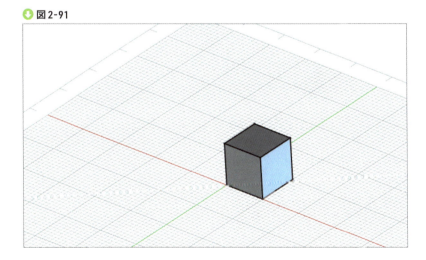

Section 2-6　高度な作図　**95**

4 上面をクリックします。

⬇ 図2-92

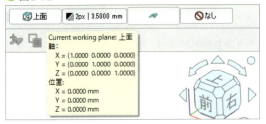

5 座標が側面へと移動します。

⬇ 図2-93

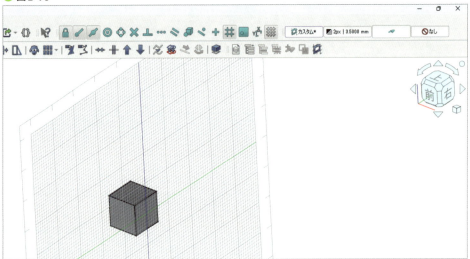

6 元に戻す場合は、カスタムをクリックします。

⬇ 図2-94

7 その後、画面左側にて上面をクリックします。

🔽 図2-95

JW-CADで描いたdxfまたはdwgをインポートする

FreeCADにて下書きする方法を紹介してきましたが、実はFreeCADにはインポート機能があり2DCADの一般的な拡張子であるdwgとdxfを読み込むことができます。そうすることで下書きを省略できますので、興味のある方は試してみましょう。以下が具体的な手順です。

1 メニューバーの編集、設定より設定を開きます。インポート/エクスポートの DXF を開きます。

⬇ 図 2-96

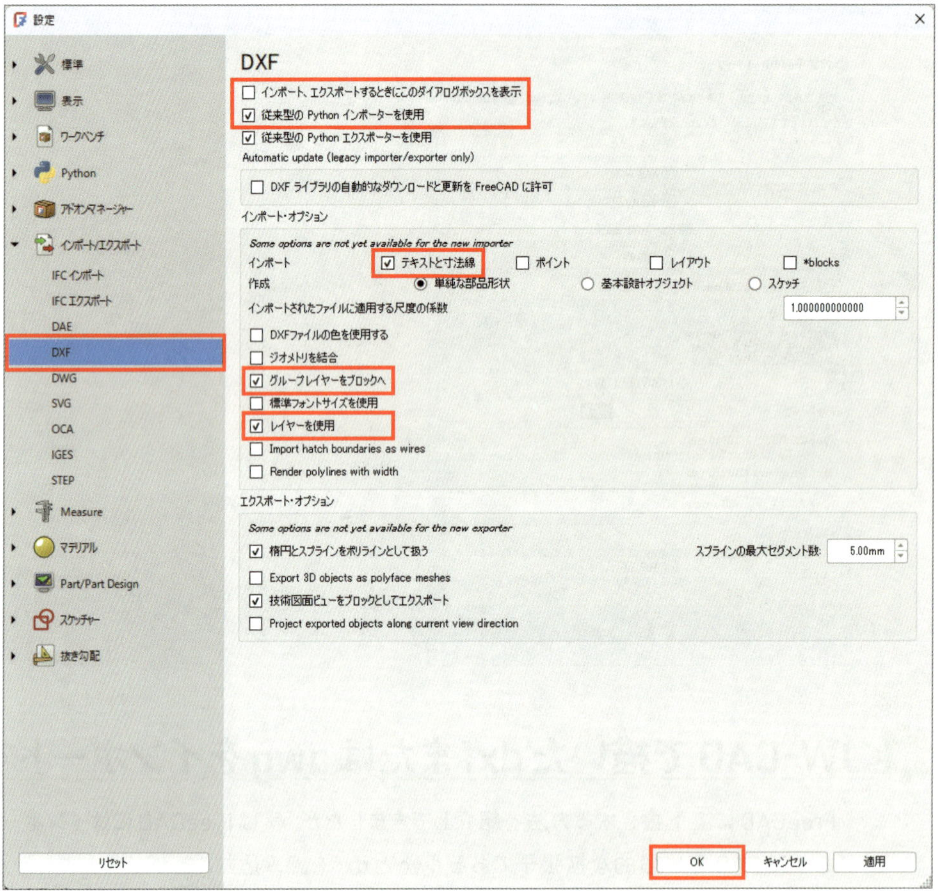

　インポート、エクスポートするときにこのダイアログボックスを表示のチェックを外し、従来型のインポート及びエクスポートにチェックを入れます。

　「テキストと寸法線」「グループレイヤーをブロックへ」「レイヤーを使用」にチェックを入れます。

　OK をクリックします。

2 適当なdxfファイルを読み込んでみましょう。メニューバーのファイル、インポートからデータを読み込めます。13章にて紹介している図面です。

🔽 図2-97

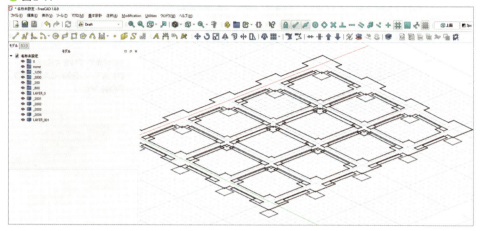

3 dwgデータを読み込む際は別途、ソフトウェアをインストールする必要があります。

GoogleにてODA File Converterと検索してみましょう。

こちらのソフトはオープンソースのため無料です。

🔽 図2-98

🔽 図2-99

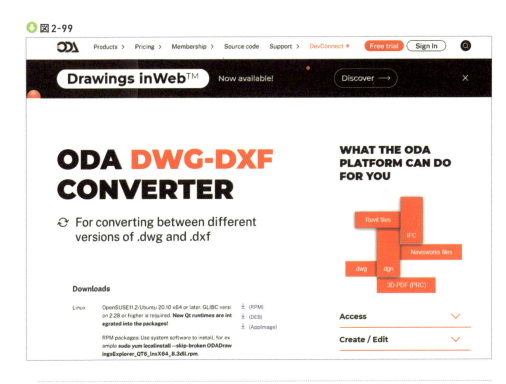

▶ https://www.opendesign.com/guestfiles/oda_file_converter

■4 ページの下部にてインストーラーをダウンロードすることができます。

🔽 図2-100

■5 案内に従ってインストールします。

6 FreeCADの設定を開き、インポート/エクスポートのDWGを開きます。

ファイルコンバーターのパスにてODA File Converterの実行ファイルを参照します。

図2-101

7 OKをして完了です。適当なdwgデータを読み込んでみましょう。

メニューバーのファイル、インポートからデータを読み込めます。

Chapter 3

立体化と図面の作成

本章では2章で学習したサーフェスを立体化していきましょう。サーフェスを回転、または押し出せば、それだけで立体化できます。その他の立体化についてもおさえておきましょう。
また立体化したデータから図面を作成する方法も解説していきます。

Section 3-1 立体化

さまざまな立体化の方法

押し出しとは

　サーフェスを任意の軸方向に重ね合わせてソリッドを形成します。同じ大きさの新聞紙を重ねれば厚みが増しますよね。このイメージです。

 図3-1

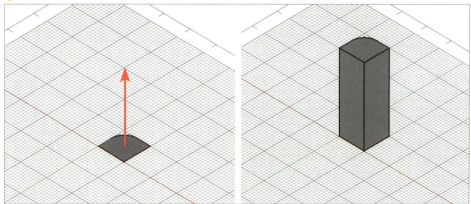

回転とは

　任意の軸を基軸としてサーフェスを回転させ、回転の軌跡上にソリッドを形成します。例えば、コンパスがわかりやすいでしょうか。コンパスで線を描いた部分がソリッドになります。

⬇ 図3-2

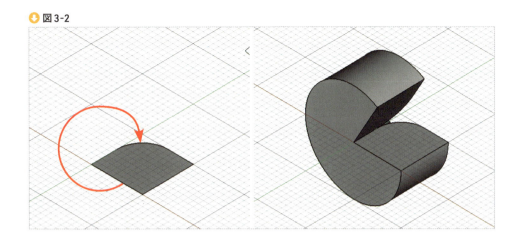

ロフトとは

　任意の形状のサーフェスを2つ用意し、これをつなぎ合わせることでソリッドを形成します。例えば、円錐台の下面と上面を用意してつなぎ合わせると円錐台ができますよね。これと同じ要領です。

⬇ 図3-3

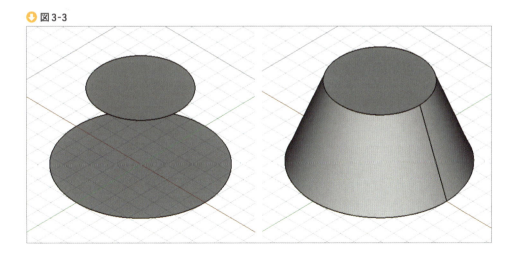

スイープとは

サーフェスを任意の軌跡に沿って押し出すことでソリッドを形成します。地下鉄がわかりやすいでしょうか。線路上に用意したサーフェスを線路に沿って押し出すことでソリッドを作ります。

🔽 図3-4

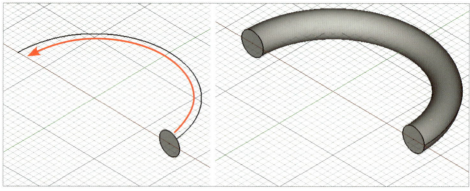

押し出し

それでは押し出しの方法を詳しく説明します。

1 2章の最後で説明したサーフェスを使います。まだ作成していない方は確認してみましょう。

🔽 図3-5

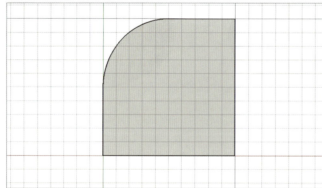

2 プルダウンメニューから"Part"をクリックします。

⬇ 図3-6

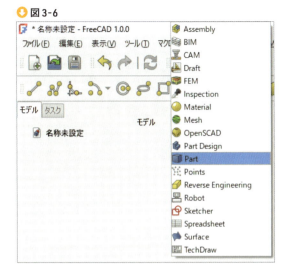

3 アイコンがドラフトワークベンチからパートワークベンチに変わります。

⬇ 図3-7

4 画面右上で右クリックし、メニューを出します。この中の"部品ツール"にチェックが入っているか確認しましょう。3章で必要なアイコンが表示されます。

⬇ 図3-8

Section 3-1 立体化 107

5 2章の続きです。モデルをクリックします。または、モデルタブのアプリケーションツリーにてFaceをクリックします。

◯ 図3-9

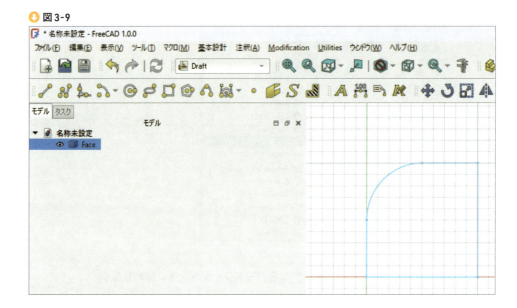

6 押し出しアイコンをクリックします。

◯ 図3-10

7 押し出しウィンドウが表示されるので、数値を入力して項目にチェックをします。

- カスタム方向にチェックを入れて"Z"の項目を1にします。デフォルトで1です。
- 長さの順方向の数値を"30mm"とします。
- ソリッド作成にチェックをします。

図 3-11

8 上部のOKボタンをクリックします。

9 画面上でモデルに変化はありませんが、ソリッドが形成されています。
画面の向きを切り替えてみましょう。

10 右上のキューブより等角投影をクリックします。

⬇ 図 3-12

11 完成です。

⬇ 図 3-13

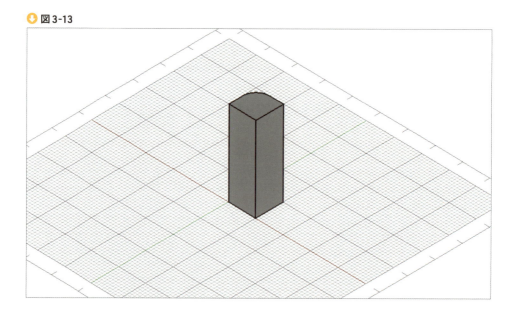

12 メニューバーのファイルから名前を付けて保存をクリックするとデータを保存できます。ファイルの種類はFreeCADドキュメントで、拡張子がFCStdです。

回転

続いては"回転"です。押し出しの時と同様に2章のサーフェスを用意します。前ページから続けて操作をしている場合は、"戻る"ボタンをクリックすると作業を巻き戻すことができるので便利です。試してみましょう。戻るボタンは黄色の矢印です。

🔽 図3-14

1 2章のサーフェスにて説明したサーフェスを作ります。まだの方は確認してみましょう。

🔽 図3-15

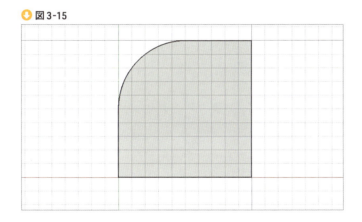

2 "押し出し"にて説明した手順2から5を操作します。

3 回転アイコンをクリックします。

🔽 図3-16

Section 3-1 立体化 111

4 回転ウィンドウが表示されるので、数値を入力して項目にチェックをします。

- ◆ 方向Yをクリックして数値を1とします。
- ◆ 角度に300°と入力します。
- ◆ ソリッド作成にチェックをします。

図 3-17

5 上部のOKボタンをクリックします。

6 ソリッドが形成されます。右上のキューブにて等角投影をクリックします。

図 3-18

7 完成です。

○ 図3-19

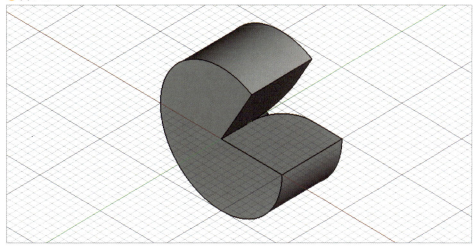

8 メニューバーのファイルから名前を付けて保存をクリックするとデータを保存できます。ファイルの種類はFreeCADドキュメントで、拡張子がFCStdです。

ロフト

ここからが少し難しくなってきますので、今までの作業をおさらいしながら進めましょう。

1 原点を中心とした半径5mmの円を描きます。描き方は2章を確認しましょう。

○ 図3-20

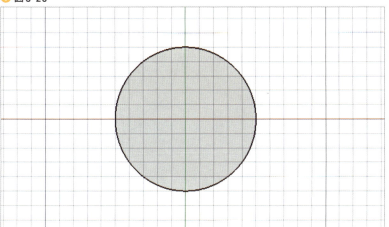

Section 3-1 立体化 113

2 続けて原点を中心とした半径3mmの円を描きます。

⬇ 図3-21

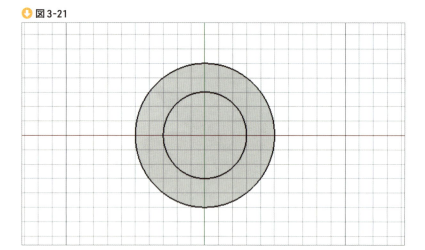

3 ここからが新しい動作になります。手順2で作成した半径3mmの円をZ軸＋方向に5mm移動させます。モデルにてCircle001をクリックします。

⬇ 図3-22

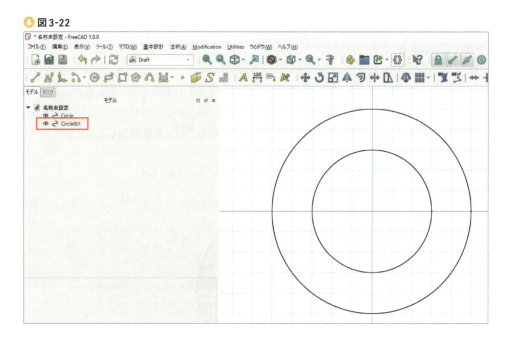

114　Chapter 3　立体化と図面の作成

4 Circle001を選択した状態で右クリックします。続いて、配置をクリックします。

⬇ 図3-23

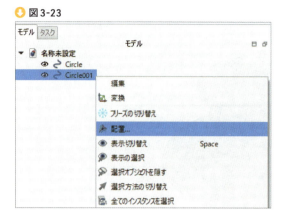

5 配置ウィンドウが表示されます。ここで平行移動量のZを5mmとします。入力後、下部のOKボタンをクリックします。

⬇ 図3-24

6 画面を回転させて小円がZ軸＋方向に5mm移動したことを確認します。

⬇ 図3-25

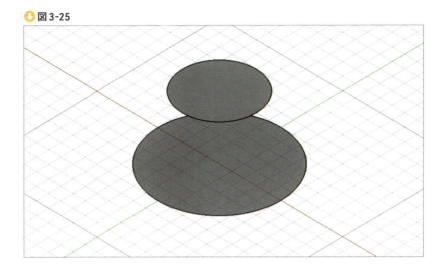

7 プルダウンメニューにてPartをクリックします。その後、ロフトアイコンをクリックします。

⬇ 図3-26

8 ロフトウィンドウが表示されます。使用可能なプロファイルにCircleとCircle001が格納されています。両方のファイルをクリックした後に中央部の右矢印ボタンをクリックします。ファイルが使用可能なプロファイルから選択したプロファイルに移動します。
下部のソリッド作成にチェックを入れて上部のOKボタンをクリックします。

⬇ 図 3-27

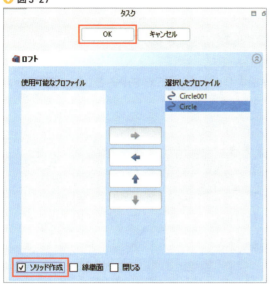

9 完成です。アイソメトリック表示に切り替えて形状を確認しましょう。

⬇ 図 3-28

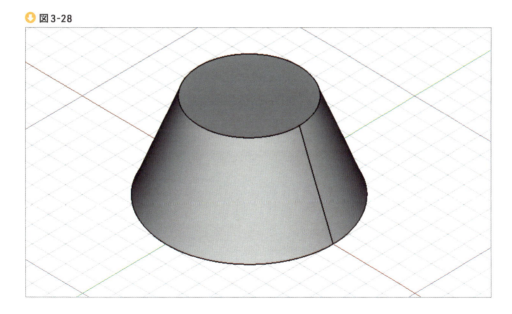

10 メニューバーのファイルから名前を付けて保存をクリックするとデータを保存できます。ファイルの種類はFreeCADドキュメントで、拡張子がFCStdです。

スイープ

最後はスイープです。新しいファイルを作成して挑戦してみましょう。

1 今までの操作を復習しながら作図をしましょう。原点を中心とした半径15mの半円と、(15,0) を中心とした半径2mmの円を描きます。

🔽 図 3-29

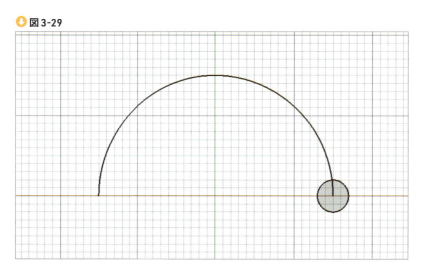

2 小円をクリックします。ロフトにて紹介した配置ウィンドウを表示させてみましょう。

🔽 図 3-30

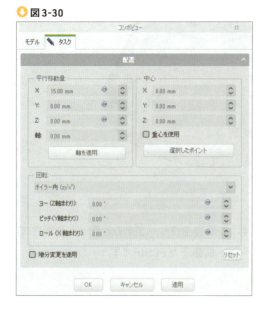

3 回転をオイラー角 (xyz) とします。

🔽 図3-31

4 回転のロール (X軸まわり) を90°とします。角度を変更すると小円が回転します。

🔽 図3-32

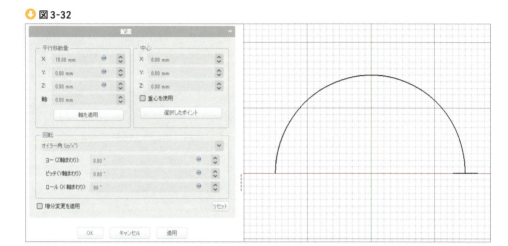

5 配置ウィンドウ左下のOKボタンをクリックして作業を閉じます。

6 等角投影に変更して作業を確認しましょう。

🔽 図3-33

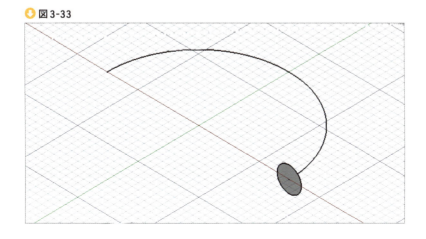

7 プルダウンメニューからPartをクリックしてスイープアイコンをクリックします。

⬇ 図3-34

8 スイープウィンドウが表示されます。

⬇ 図3-35

9 ロフトの時は2つのファイルを選択したプロファイルへ移しましたが、スイープの時は断面のみを移します。つまり、Circleのみを選択したプロファイルに移します。

⬇ 図3-36

10 手順9の図の左下にあるスイープ経路ボタンをクリックします。その後、半円をクリックします。クリックすると緑色に変わります。次に、スイープ経路ボタンが終了ボタンに変わっていますので、これをクリックします。

図3-37

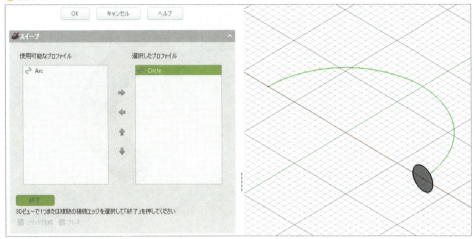

11 ソリッド作成にチェックを入れて上部のOKボタンをクリックします。

図3-38

Section 3-1　立体化　121

12 完成です。アイソメトリック表示にしてソリッドを確認しましょう。

⬇ 図3-39

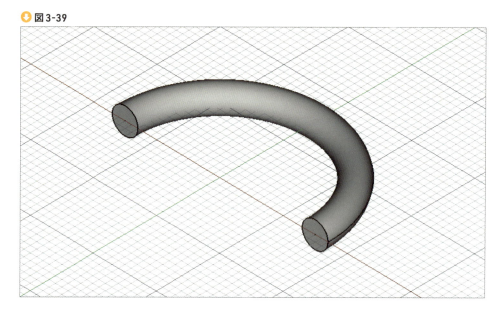

13 メニューバーのファイルから名前を付けて保存をクリックするとデータを保存できます。ファイルの種類はFreeCADドキュメントで、拡張子がFCStdです。

Section 3-2 簡単立体化機能

　FreeCADにはサーフェスから立体を作る方法以外にも簡単に立体を作る方法があり、クリック1つで球体や立方体、パイプを作ることができるのでとても便利です。大きさについても数値を指定してあげれば自動で変わります。
　それでは詳しく説明します。

1 プルダウンメニューからPartをクリックします。

🔻 図3-40

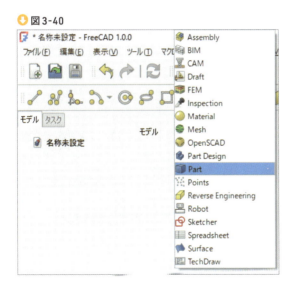

2 黄色の立体が表示されたアイコン群を探しましょう。

🔻 図3-41

　左から立方体作成アイコン、続いて円柱・球体・円錐・トーラス・パイプです。残り2つはプリミティブ作成機能(らせん等を作ります)シェイプビルダーです。

3 立方体アイコンをクリックします。

⬇ 図3-42

4 原点に1辺10mmの立方体が生成されました。

⬇ 図3-43

5 大きさを変更する場合はデータツリーからデータをクリックしプロパティを表示します。

⬇ 図3-44

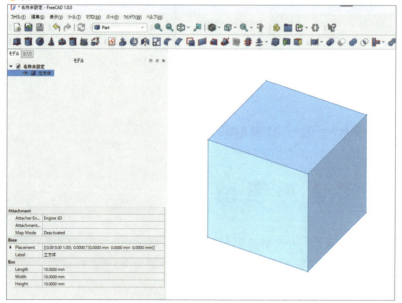

6 プロパティの数字を変更すると自動で大きさが変わります。試しにLengthを30mmと入力します。

図3-45

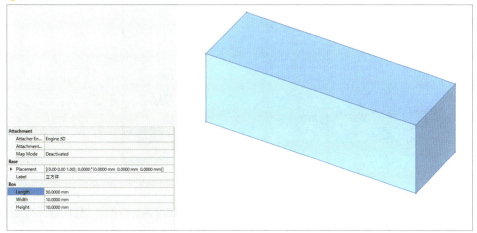

7 残りの立体を試す前に、手順6の立体を非表示にします。データツリーにある立方体をクリックしてスペースキーを押しましょう。ここは重要な作業です。

　※ モデルをクリックしスペースキーを押すとモデルが非表示になります。もう一度押すと再表示になります。便利な機能なので覚えておきましょう。

図3-46

8 続いて円柱アイコンをクリックしプロパティを開きます。角度を180°にしてみましょう。円柱が半分になります。

⬇ 図3-47

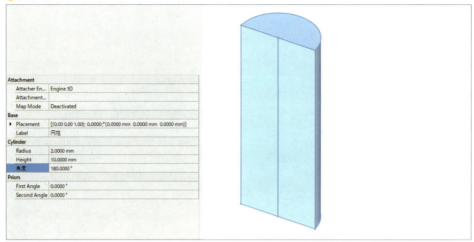

9 手順7と同様に円柱を非表示にして今度は球体を試してみましょう。プロパティのAngle2を50°とすると球体が凹んでいきます。

⬇ 図3-48

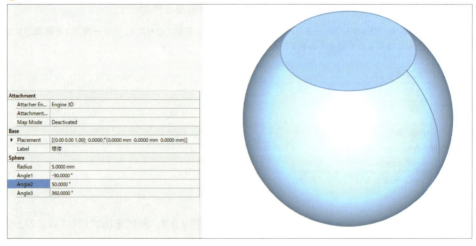

10 円錐の場合はデフォルトで図の立体が表示されます。

🔽 図 3-49

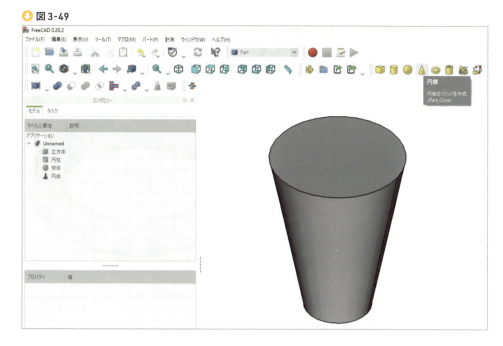

11 先端を尖らせるためにはプロパティの Radius2 を 0mm にします。

🔽 図 3-50

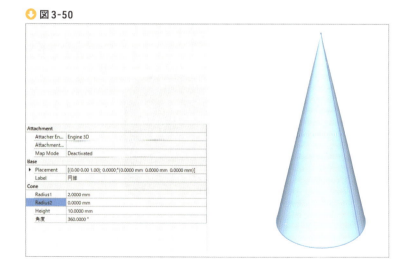

Section 3-2 簡単立体化機能

12 トーラスアイコンをクリックすると輪が出来上がります。

⬇ 図3-51

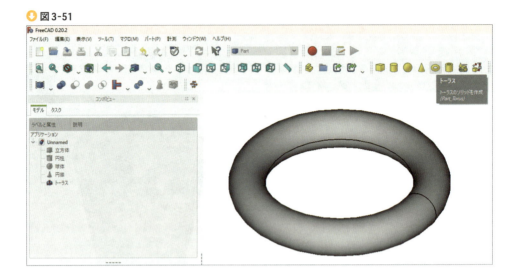

13 チューブアイコンをクリックすると外径・内径・高さの指定ができます。任意の数字を入力してみましょう。

⬇ 図3-52

128　Chapter 3　立体化と図面の作成

14 最後にプリミティブ作成アイコンをクリックしてみましょう。

⬇ 図3-53

15 幾何プリミティブが表示されます。

⬇ 図3-54

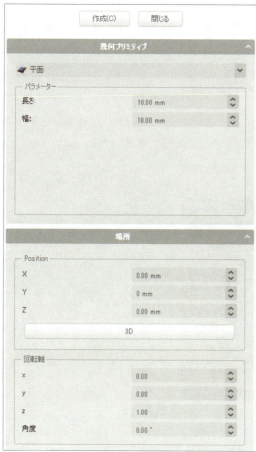

Section 3-2　簡単立体化機能　129

16 上部のプルダウンメニューを展開します。この中から螺旋（らせん）をクリックしてみましょう。

● 図3-55

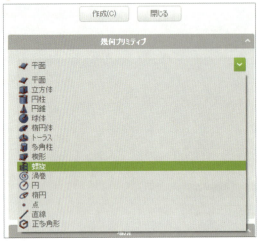

17 上部の作成ボタンをクリックします。

● 図3-56

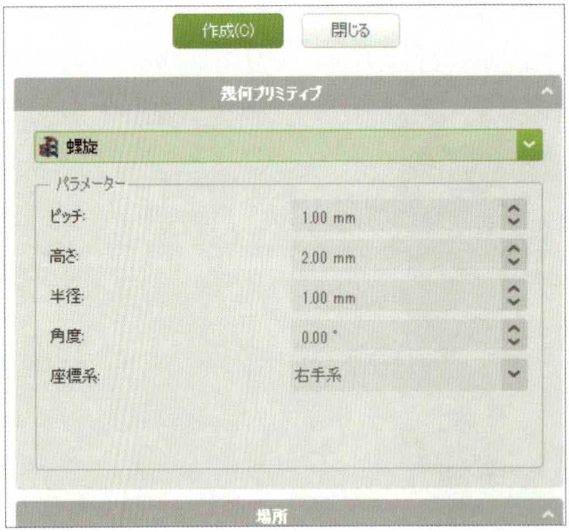

18 画面に螺旋（らせん）が挿入されます。画面左側のパラメーターを調整すると螺旋（らせん）の形状が変わります。

◯ 図3-57

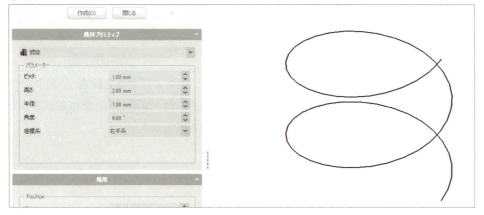

その他にも特殊形状があるので試してみましょう。

Section
3-3 立体から図面を作成する

　ここからは一歩進んで、線を引いてデザインしたものに寸法を設定し、図面を作成する方法を学びましょう。寸法を設定することができれば、図面と同じ機械部品を作ることができます。例題として、ソケットピンの作り方を紹介します。

作成するソケットピンのモデルと図面

🔽 図 3-58

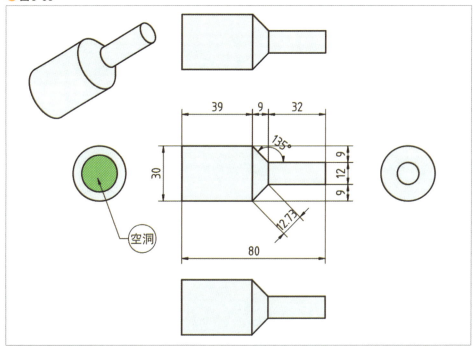

🔽 図3-59

学習する内容

- ◆ 作図補助機能を使用して下書きする方法
- ◆ 寸法を決めて作図する方法
- ◆ 座標と座標軸について
- ◆ 面を回転させて立体を作る方法
- ◆ 2D図面の作成と寸法線の追加

覚えておきたい用語

❖ スナップ機能の端点とグリッド

スナップ機能とは下書きを補助する便利な機能です。ONにすることで、下書きがスムーズになります。その中でも、直線を真っすぐに引くことのできるグリッド機能と、直線同士を隙間なく連結させることのできる端点を覚えておきましょう。

グリッド機能

🔽 図3-60

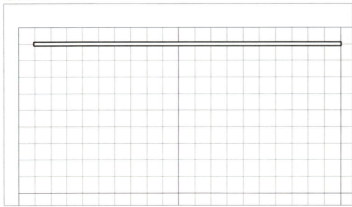

端点機能

🔽 図3-61

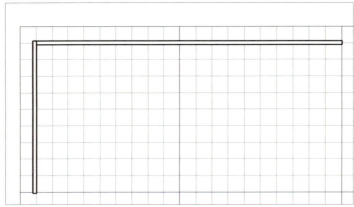

座標と軸

　FreeCADには座標の概念が搭載されており、X軸、Y軸、Z軸が存在します。そして、それらの交点が原点です。象限は4つあり、作業手順にたびたび出てくるため覚えましょう。

⬇ 図 3-62

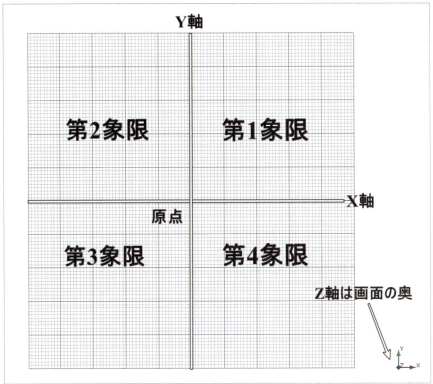

⚙ 下書きを作成してみよう

それではソケットピンの下書きをしてみましょう。ピンそのものは丸い部品のため真上から見た状態を下書きすることになります。

1 プルダウンメニューから「Draft」を選択します。

⬇ 図 3-63

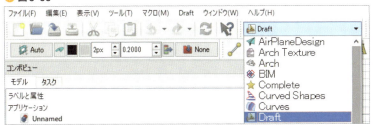

2 ツールバーの確認をします。ファイルメニューにて右クリックし、以下のツールバーが表示されていることを確認します。ツールバーが右側に隠れている場合は、マウスでつまんで左側にドラッグしましょう。

- ◆ タスク
- ◆ モデル
- ◆ ファイル
- ◆ 編集
- ◆ ワークベンチ
- ◆ ビュー
- ◆ 構造体
- ◆ ヘルプ
- ◆ 基本設計作成ツール
- ◆ 基本設計注釈ツール
- ◆ 基本設計修正ツール
- ◆ 基本設計ユーティリティツール
- ◆ 基本設計スナップ

🔽 図 3-64

3 画面に座表面が表示されます。

🔽 図 3-65

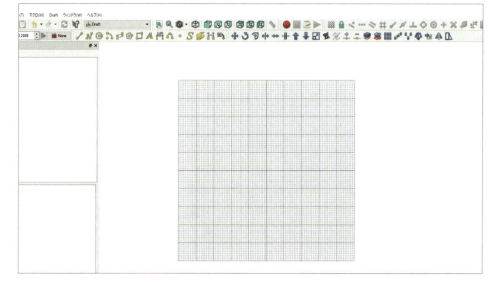

> **Point**
> 座標面が表示されない場合は「グリッドの表示を切り替え」ボタンを選択しましょう。
>
> 🔽 図3-66
>
>

4 スナップ機能機能をONにします。まずは南京錠のボタンを選択します。

🔽 図3-67

5 3つの機能をONにしましょう。グリッド、端点と寸法です。ONにすると網がかかります。

🔽 図3-68

6 ソケットピンの下書きをしていきます。直線ボタンを選択しましょう。

🔽 図3-69

7 まずは原点で左クリックします。その後、Y軸プラス方向に10mm進んだ箇所にて左クリックすると線を引けます。

🔽 図3-70

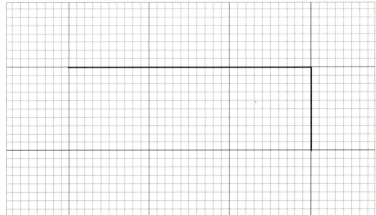

> **Point**
> スナップ機能機能の寸法をONにしていると、線を引くと同時に寸法線が表示されます。グリッドをONにしていると、座表面に沿って真っすぐに線を引くことができます。

8 続けて線を引いていきましょう。X軸マイナス方向に30mmです。

🔽 図3-71

> **Point**
> スナップ機能の端点をONにしていると、線と線を確実に連結することができます。マウスのカーソルを線の端部の上に持ってくると作図補助機能が自動で働きます。

 続けて図のように最後まで描いてみましょう。寸法の指定は特にありません。

⬇ 図3-72

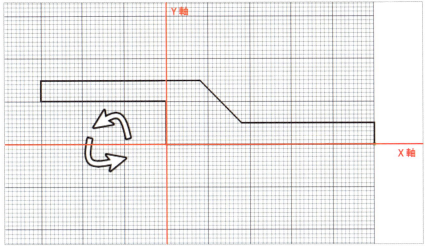

以上で下書きは終了です。

> **Point**
> 第3象限と第4象限には線を描かないようにしましょう。最後に回転機能でサーフェスを立体にするからです。今回の回転は、X軸を基軸としてサーフェスを回転させます。

⚙ 線を面に変換しよう

下書きが終わりました。線から面(サーフェス)を作りましょう。面を作ることができれば立体化まであと少しです。

1 プルダウンメニューから「Surface」を選択します。

🔽 図3-73

2 全ての線データを選択します。

CTRLキー+Aキーのショートカットキーを押すと全選択ができます。

1本ずつ選択する場合は、2本目以降の選択の際にCTRLキーを押し続けてください。

🔽 図3-74

3 アップグレードボタンを押します。

データの名前がFaceになるまで続けます。

青色の上向き矢印です。

🔽 図3-75

4 画面を傾かせるとサーフェスを確認できます。

🔽 図 3-76

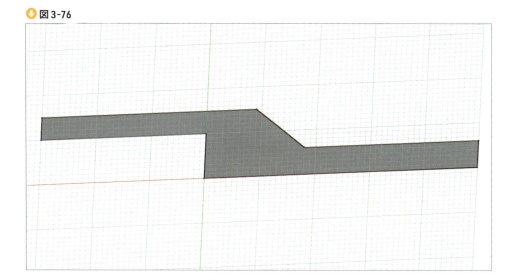

面を回転させて立体を作ろう

面を作ることができたら回転機能を使用して簡単に立体を作ることができます。今回はX軸を基軸として面を回転させることで立体にします。

1 プルダウンメニューからPartを選択します。

2 作成した面を選択します。

🔽 図 3-77

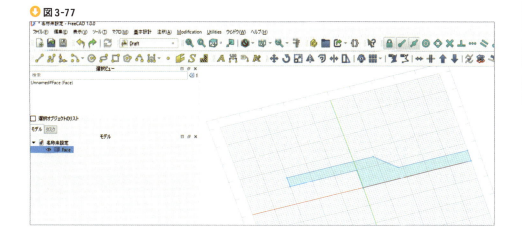

Section 3-3　立体から図面を作成する　141

3 回転ボタンを選択します。

⬇ 図3-78

4 プロパティが表示されます。

⬇ 図3-79

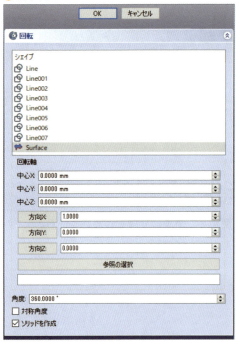

5 方向Xを1とし、「ソリッドを作成」にチェックを入れたらOKボタンを選択します。

6 立体が生成されます。

⬇ 図3-80

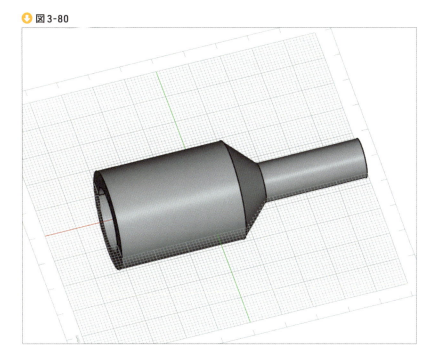

⬇ 図3-81

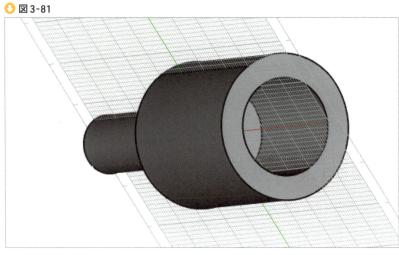

Section 3-3　立体から図面を作成する　**143**

> **Point**
>
> 　曲線がかくかくしている場合は、設定を見直しましょう。ファイルメニューの「編集」から「設定」を選択するとプロパティが表示されます。その中の「パートデザインタブ」から「シェイプビュー」に移り、「モデルのバウンディングに依存する最大偏差」を0.1%とします。数字を小さくすると曲線のかくかくが改善されます。

🔽 図3-82

7 データが完成しました。

図面を作成して寸法線を入れてみよう

　ソケットピンを作ることができましたか。このような立体を作ることができたら納入者に説明するため、図面が必要です。FreeCADを使って作成してみましょう。

1 画面を上から見た状態に固定します。図のボタンを選択します。

🔽 図3-83

2 図面に載せるデータを選択します。今回はソケットピンです。

⬇ 図3-84

3 プルダウンメニューから「Tech Draw」を選択します。

⬇ 図3-85

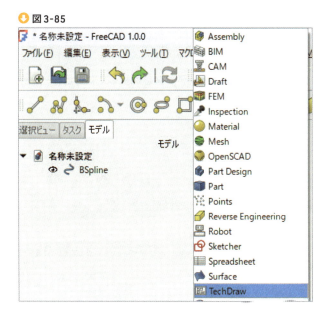

4 既定の用紙を挿入をクリックします。

⬇ 図3-86

Section 3-3　立体から図面を作成する　145

5 図面のひな形が作成されます。

🔽 図3-87

6 次はソケットピンを載せましょう。ソケットピンのデータを選択した後、ビューを挿入をクリックします。

🔽 図3-88

7 画面の左側にパートビューが表示されます。どの方向から見た図が必要かチェックを入れてください。OKボタンにて確定します。

⬇ 図3-89

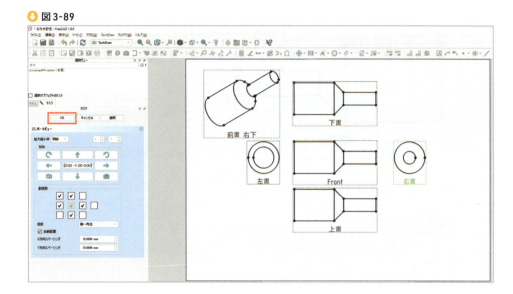

8 Frontをクリックドラッグすることで図の位置を調整する事ができます。

⬇ 図3-90

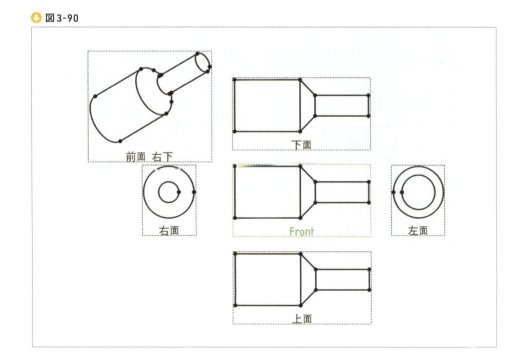

9 次は寸法線を描きましょう。Frontにて点を選択します。まずは1点目を選択し、CTRLキーを押しながら2点目を選択します。点を選択すると緑色になります。

🔽 図3-91

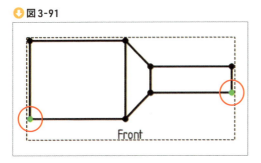

10 水平寸法ボタンを選択します。

🔽 図3-92

11 寸法線が挿入されます。寸法線を選択すると緑色になり、上下に動かすことができます。

⬇ 図3-93

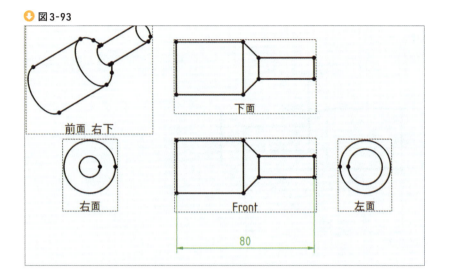

12 寸法線の矢印の大きさ等を変更したい場合は右に表示されるプロパティから変更します。
※寸法線をダブルクリックするとプロパティが表示されます。

⬇ 図3-94

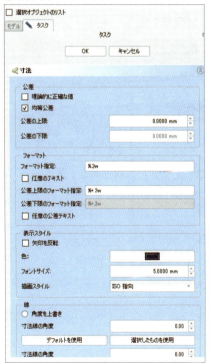

Section 3-3 立体から図面を作成する 149

13 同じ要領で2点または直線、隣り合う曲線を選択すると平行寸法や角度を挿入することができます。試してみましょう。

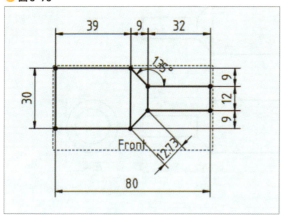

図3-95

14 開口部をハッチングしてみましょう。開口部をクリックします。

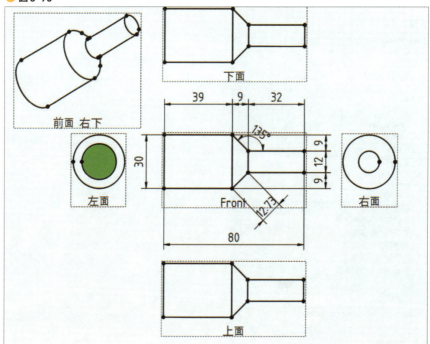

図3-96

15 ハッチングボタンをクリックします。PATと書かれた方です。

🔽 図3-97

16 網状のハッチングが表示されました。

🔽 図3-98

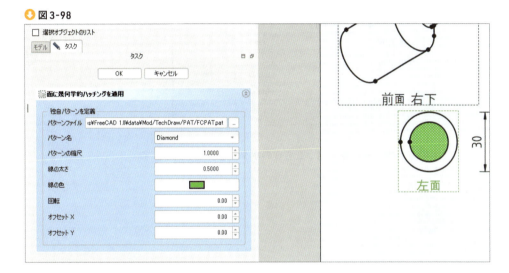

17 矢印付き注釈を付けたい場合はこちらのボタンを使います。ハッチング個所をクリックした後、こちらのボタンをクリックします。

🔽 図3-99

18 矢印の挿入個所を指定されます。もう一度ハッチング個所をクリックします。同時に表示されるプロパティのテキストに適当な文字を入力してみましょう。

Section 3-3　立体から図面を作成する　151

⬇ 図3-100

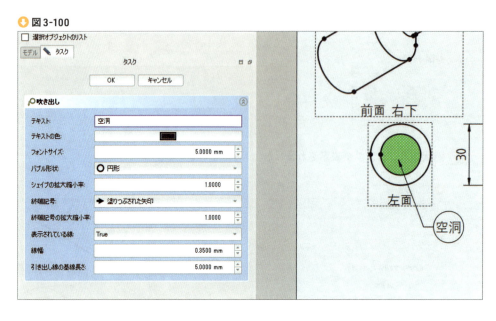

19 文字のみを挿入する場合は、こちらのボタンをクリックします。

⬇ 図3-101

20 Default Textと書かれた注釈がでてきます。これをダブルクリックします。

⬇ 図3-102

21 ソケットピンと入力し、＋マークをクリックします。不要な行はクリックした後に－マークを
クリックし削除します。

🔽 図 3-103

Annotation Text Editor	?	×

ソケットピン

Default Text

＋

－

| OK | キャンセル |

22 注釈文字が不要な方は、プロパティの Label の注釈を消してください。

🔽 図 3-104

Annotation	
Text	[ソケットピン,]
Font	osifont
Text Color	■ [33, 37, 41]
Text Size	5.0000 mm
Max Width	-1.0000
Line Space	100
Text Style	Normal
Base	
X	236.2555 mm
Y	24.1423 mm
Lock Position	false
Rotation	0.0000 °
Caption	
Label	注釈

Section 3-3 立体から図面を作成する **153**

23 データを保存します。まずは、おおもとのFreeCADのデータを保存します。その後、メニューバーのファイルからPDFファイル形式でエクスポートをクリックします。

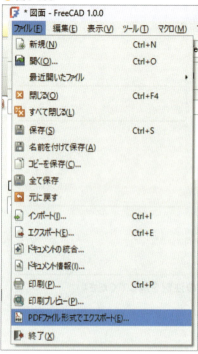

図3-105

24 こちらのアイコンからSVGまたはDXF形式でのエクスポートが可能です。エクスポートした後、図面枠データなどを付けて付けてみてください。

図3-106

25 本書にて説明させていただいた図面機能はごく一部です。試しに触ってみてください。

Chapter
4

ブーリアン演算機能による
組み合わせ

4章ではパーツの組み合わせ方を学んでいきます。ここまでわかってしまえば
FreeCADでいろんな雑貨を作ることができ、これを3Dプリンターで造形でき
ちゃいます。わくわくしますよね。
3DCADの基本といえば細かなモデリングやテクニックが必要なような気がしま
すが、粘土細工をするようにデザインすれば誰でも簡単に3DCADを使いこなす
ことができます。

Section 4-1 ブーリアン演算（組み合わせの仕組み）

　ブーリアン演算とは冒頭で説明した組み合わせの仕組みで、3DCADなどのCGソフトで用いられる演算です。ソリッドを集合体とみなし、結合・減算を行います。

　例えば、元素記号を思い出してみましょう。2つのHと1つのOが合体するとH_2Oになります。

　これがブーリアン演算の結合です。

　減算は単純でして、薄い鉄板にドリルで穴をあける作業をイメージしてください。

　結合、減算を繰り返すことで複雑なモデルを作ります。

🔽 図4-1

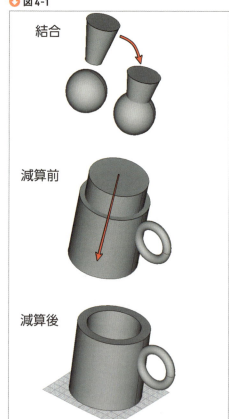

小物入れを作ってブーリアン演算を学ぶ

　パーツを組み合わせて蜂の巣を模した六角形の小物入れを作ってみましょう。パーツを組み合わせるときにブーリアン演算を用います。以下が詳しい手順です。

※1～3章を確認していない方はそちらをまずは確認しましょう。作図準備などの基本を紹介しています。

1 FreeCADで新しい作業を開始します。プルダウンメニューからDraftをクリックします。続いて、上面図に設定してスナップ機能をONにします。ここまでが3章までの内容です。

2 ここからが4章です。多角形アイコンをクリックします。

⬇ 図4-2

3 原点を中心として半径20mmを指定します。三角形ができます。

⬇ 図4-3

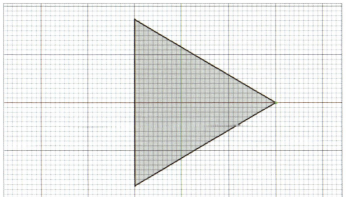

4 ツリーにてPolygonをクリックし下部のプロパティにてFaces Numberを6と入力します。

Section 4-1　ブーリアン演算（組み合わせの仕組み）

⬇ 図 4-4

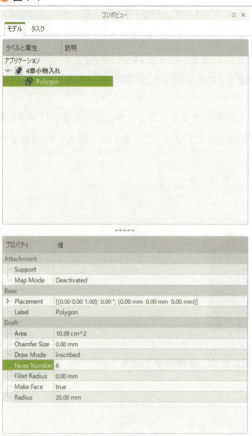

5 三角形が六角形に変形します。

⬇ 図 4-5

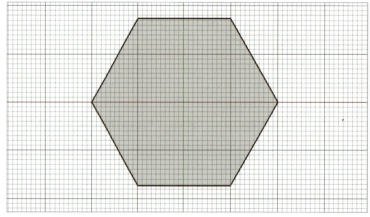

6 六角形のサーフェスをZ軸プラス方向に押し出します。プルダウンメニューにてPartをクリック、その後、六角形のサーフェスをクリックしてから押し出しアイコンをクリックします。

🔽 図4-6

7 押し出しウィンドウにてパラメーターを設定します。カスタム方向にチェックを入れ、Zを1とします。
続いて長さを50mmとしソリッド作成にチェックを入れてから上部のOKボタンをクリックします。

🔽 図4-7

8 **六角柱が生成されます。**

🔽 図 4-8

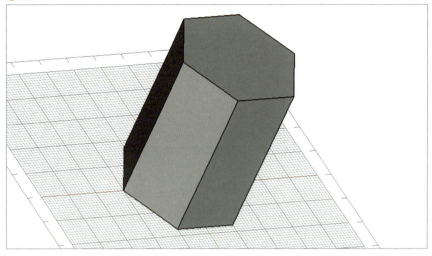

9 **次は六角形をくりぬきます。便利な機能があるので使ってみましょう。**
まずは六角形の上面をクリックします。

🔽 図 4-9

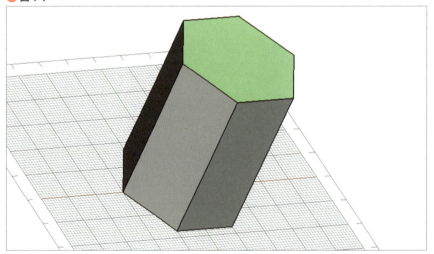

10 厚み適用ユーティリティーボタンをクリックします。

🔽 図4-10

11 厚みウィンドウが表示されるので、厚みをデフォルトの1mmから3mmに変更します。上部のOKボタンをクリックします。

🔽 図4-11

12 六角形がくりぬかれます。

🔽 図4-12

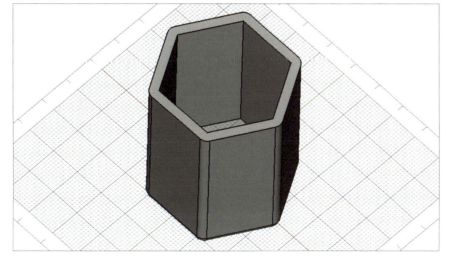

Section 4-1　ブーリアン演算（組み合わせの仕組み）

13 続いて手順12で作成したモデルをコピーアンドペーストし、蜂の巣状にしていきます。このときにパーツを組み合わせるためブーリアン演算の結合と減算を使います。それでは詳しく説明します。

まずはコピーアンドペーストです。ツリーのThicknessを右クリックしてコピーを選択します。

🔻 図4-13

14 オブジェクト選択のウィンドウが表示されるので下部のOKボタンをクリックします。

🔻 図 4-14

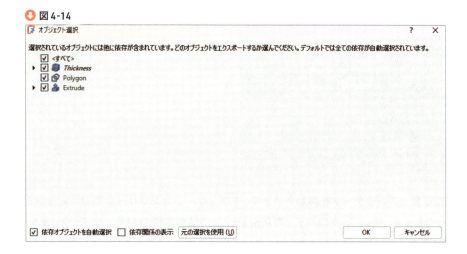

15 アプリケーションツリーのThicknessを右クリックして貼り付けをクリックします。

🔻 図 4-15

Section 4-1　ブーリアン演算(組み合わせの仕組み)　163

16 データが2つに増えます。データは同じ位置で重なり合っています。

⬇図4-16

17 重なり合っているデータを移動させます。アプリケーションツリーにてThickness001をクリックします。続いて、プロパティのPlacementの値の数値の個所でクリックします。右側に点が横に3つ並んだ小さなアイコンが出てきます。ここをクリックします。

⬇図4-17

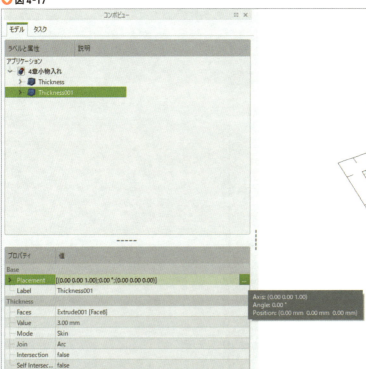

164　Chapter 4　ブーリアン演算機能による組み合わせ

18 配置ウィンドウが表示されます。平行移動量のYを40mmと入力して下部のOKボタンをクリックします。

🔽 図4-18

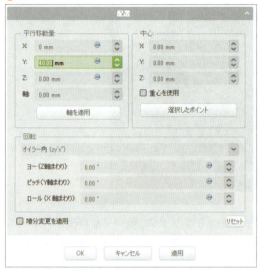

19 モデルがY軸プラス方向に40mm動くとこのようになります。

🔽 図4-19

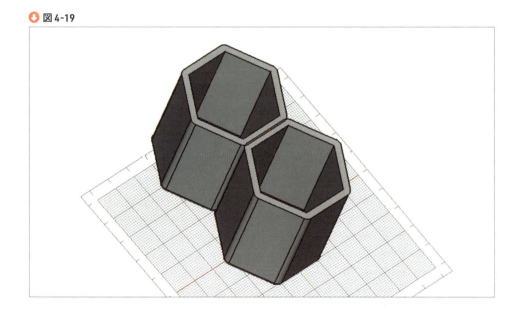

Section 4-1　ブーリアン演算(組み合わせの仕組み)　165

20 ここでモデルを拡大してみましょう。モデル同士が干渉している部分を確認できます。手順2からこれを取り除くためにブーリアン演算の減算を行います。

⬇ 図4-20

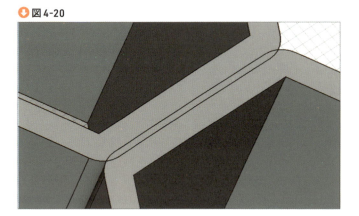

21 アプリケーションツリーにてThicknessをクリック、続いてCTRLキーを押しながらThickness001をクリックします。Macユーザーの方はコマンドキーを押しながらです。成功すると2つとも選択した状態となります。
先にThicknessをクリックしましょう。

 図4-21

 図4-22

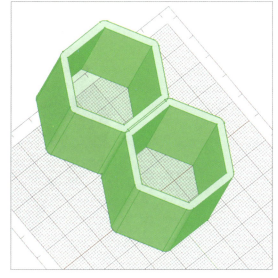

22 選択状態のまま切り取りアイコン(ブーリアン演算の減算)をクリックします。

⬇ 図4-23

23 片方のモデルが消去されてもう片方のモデルが切削されます。今後の作業は、消去されたモデルを復活させて切削された個所に当てはめていきます。

⬇ 図4-24

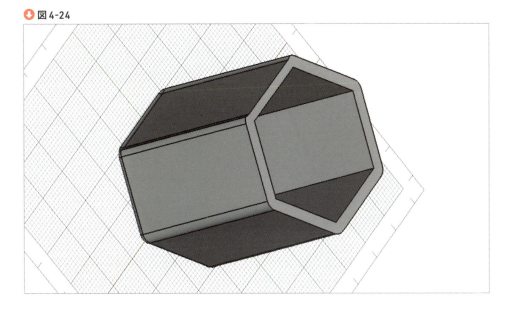

24 ツリーにてCutを展開してThickness001をクリックした後にスペースキーを押します。モデルをクリックしてスペースキーを押すことで非表示となったモデルを再表示することができます。

🔻 図 4-25

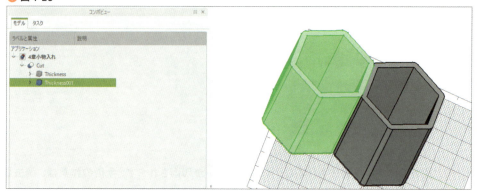

25 モデルを拡大してみましょう。干渉部分が消去されてぴったりとくっついています。

🔻 図 4-26

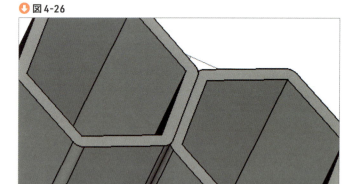

26 ここまできたらほぼ完成です。3Dプリンターで造形するために2つのモデルデータをブーリアン演算の結合で電子的に結合します。アプリケーションツリーにてCutをクリックした後、CTRLキーを押しながらThickness001をクリックします。Macユーザーの方はコマンドキーを押しながらです。
今回はCutとThickness001どちらを先にクリックしても構いません。

🔻 図 4-27

27 選択した状態のままブーリアン演算アイコン(ブーリアン演算の結合)をクリックします。

🔽 図 4-28

28 ブーリアン演算ウィンドウが表示されますので、この状態のまま上部の適用ボタンをクリックします。計算が開始され数秒で完了します。

※数秒で完了しない場合はエラーです。考えられる原因としてモデル同士が干渉しています。複雑なモデルの場合は注意が必要です。

🔽 図 4-29

Section 4-1　ブーリアン演算(組み合わせの仕組み)

29 アプリケーションツリーにFusionが生成されます。これをクリックすると2つのモデルが1つにまとまったことを確認できます。

● 図4-30

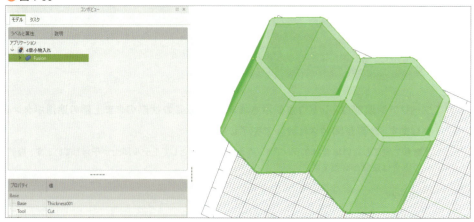

30 以上で完成です。ブーリアン演算の減算と結合についてわかりましたか。
今回は簡単なモデルでしたがこの演算を繰り返すことで複雑なモデルを作ることができます。難しい3Dデザインのテクニックは必要ありません。
最後に色塗りとデータの保存方法を学びましょう。

● 図4-31

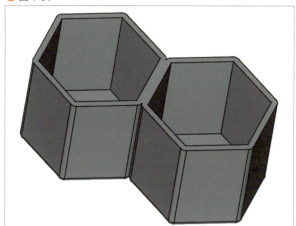

31 アプリケーションツリーのFusionを右クリックし、外観をクリックします。

⬇ 図4-32

32 表示プロパティが表示されます。マテリアルのメニューを展開すると銅や金、黒曜石等の色データが標準で選べます。好きなものを選んでみましょう。下部へ行くと透明度も選べます。

⬇ 図4-33

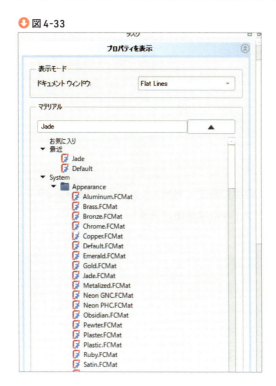

Section 4-1　ブーリアン演算（組み合わせの仕組み）　171

33 データを保存する場合は上書き保存で構いません。3Dプリンターで造形するためにはエクスポートが必要です。造形したいデータをクリックした後、メニューバーのファイルからエクスポートをクリックします。

図4-34

34 適当なファイル名を指定し、ファイルの種類をSTL Meshとして保存します。3Dプリンターへ読み込む際のエラーを防ぐため、ファイル名は英語が望ましいです。

⬇ 図4-35

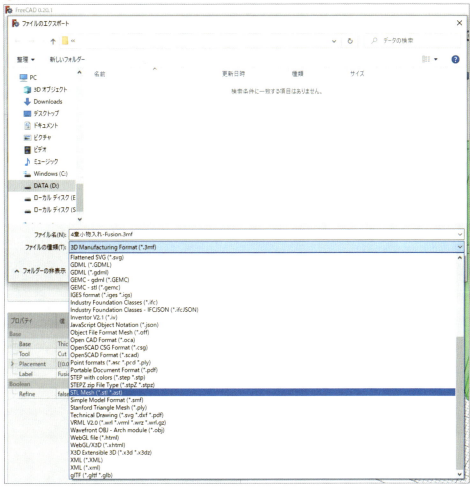

　ここまでくれば簡単な雑貨を3Dプリンターで造形できちゃいます。早速試してみましょう。

積み木感覚でコップを
デザインしよう

簡単な立体(立方体や円柱)を生成してコップをデザインしてみましょう。積み木をするように立体を重ねていくため、3DCADの初級者の方に最適なデザインです。

Section 5-1 本章で学ぶこと

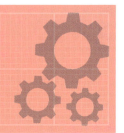

作成するコップのモデル

🔽 図5-1

学習する内容

- ◆ 立体の生成 (円柱、トーラス)
- ◆ ブーリアン演算の結合と減算
- ◆ フィレット
- ◆ メッシュデザインの再構築
- ◆ stlデータのエクスポート

覚えておきたい用語

トーラス

トーラスとはドーナツ状の立体で、今回はコップの取っ手に使用します。トーラスのほかには立方体や円柱、三角錐などがFreeCADに用意されています。これらの立体を積み木の感覚で重ね合わせていきます。

⬇ 図5-2

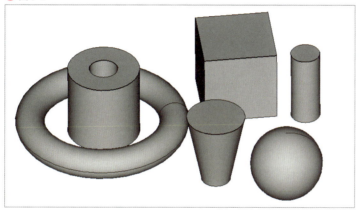

ブーリアン演算

異なる体積を持ったモデル（ソリッド）を合成させるための演算です。合成させることで複雑な形を作ることができます。演算そのものはFreeCADが行ってくれるため数式の入力は必要ありません。今回は演算を実行するための手順を覚えましょう。

⬇ 図5-3

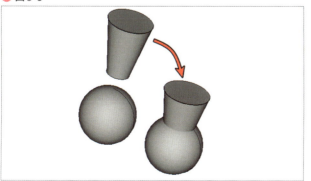

フィレットとは

　製品のコーナーを丸める加工方法です。製品が割れるのを防いだり触ったときに怪我をしないように必要な加工です。

🔽 図5-4

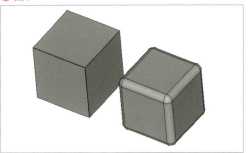

メッシュとは

　メッシュとは、三角錐や直方体の集まりです。今回はこれらの立体を小さくさせることで曲線を滑らかにしていきます。

🔽 図5-5

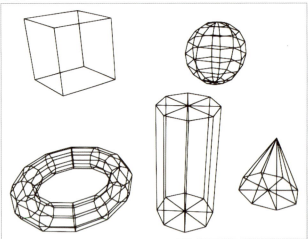

stlデータとは

　stlデータとは、一般的な3Dデータの拡張子です。FreeCADの保存形式からstlに変換させることで3Dプリンターでの印刷ができます。今回は変換の手順を覚えましょう。

Section 5-2 積み木感覚でデザインする

まずは簡単な図形をFreeCADに生成させてみましょう。クリック1つで立体が生成されるのが3DCADの特徴の1つです。

1 プルダウンメニューからPartを選択します。

⬇ 図5-6

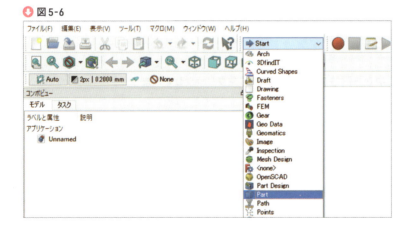

2 ファイルメニューが切り替わりました。隠れているツールバーを表に出しましょう。

⬇ 図5-7

ファイルメニューにて右クリックするとチェックリストが表示されます。以下の名前にチェックをしましょう。また、画面の右側に隠れている場合があるため、その場合はマウスでつまんでお好みの個所にプロットしましょう。

Section 5-2 積み木感覚でデザインする 179

◆ 選択ビュー
◆ モデル
◆ タスク
◆ ファイル
◆ 編集
◆ クリップボード
◆ ワークベンチ
◆ ビュー
◆ 構造体
◆ ヘルプ
◆ ソリッド
◆ 部品ツール
◆ ブーリアン

3 ツールバーの中から円柱のマークを探して左クリックしてみましょう。

⬇ 図5-8

4 画面に円柱が表示されます。

⬇ 図5-9

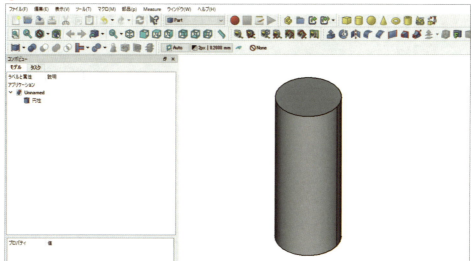

5 ツリーにて円柱をクリックします。

⬇ 図5-10

6 円柱モデルをクリックするとプロパティが表示されます。ここで、円柱の半径と高さを変更します。CylinderのRadiusを40mm、Heightを80mmとします。自動で円柱が大きくなるので、マウスのホイールボタンを回して画面を縮小しましょう。

⬇ 図5-11

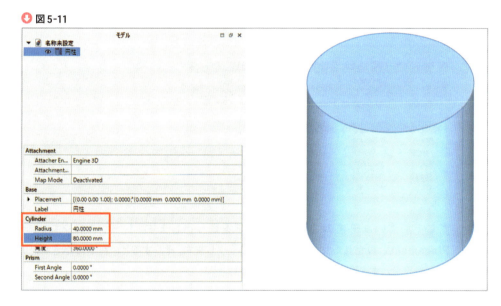

7 次はコップの取っ手を作ります。ツールバーの中から黄色のトーラスを探して左クリックしてみましょう。

⬇ 図5-12

8 画面にトーラスが表示されます。しかし、円柱の中に隠れています。ツリーのモデルにトーラスと書かれたデータが表示されていれば大丈夫です。

⬇ 図5-13

9 ツリーにてトーラスをクリックします。ここで、半径1と半径2を変更します。TorusのRadius1を20mm、Radius2を5mmとします。

⬇ 図5-14

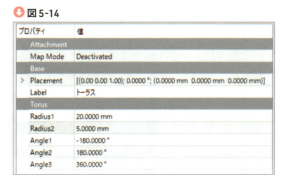

10 ここでいよいよ円柱の中からトーラスを取り出します。トーラスのプロパティにてPlacementと書かれた文字の上で左クリックします。そうすると、右側に小さな点のアイコンが表示されます。

⬇ 図5-15

11 点のアイコンを選択すると配置と書かれたプロパティが表示されます。平行移動量のXを60mmとすると、トーラスがX軸プラス方向に移動します。円柱から出てきました。

⬇ 図 5-16

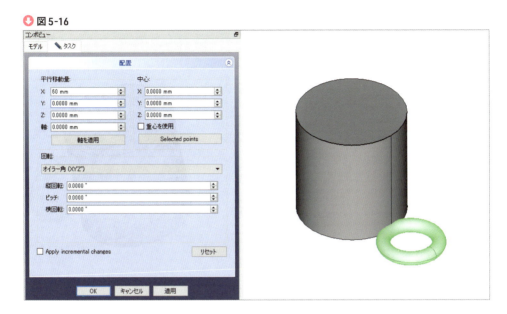

12 次にトーラスを回転させてみましょう。まずは、回転と書かれた下のプルダウンメニューにてオイラー角(XYZ)を選択します。
その後、横回転を90°と入力するとトーラスが回転します。

⬇ 図 5-17

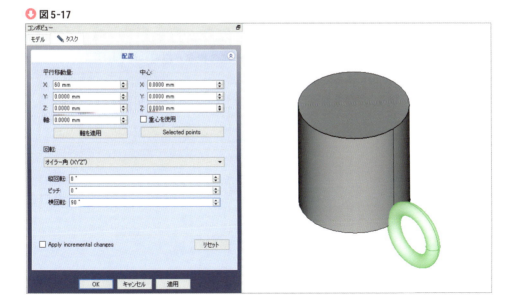

13 次にトーラスを上、つまりZ軸のプラス方向に平行移動させてみましょう。平行移動量のZにて55mmと入力します。

図 5-18

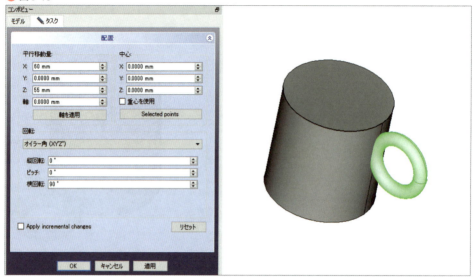

14 配置と書かれたプロパティの下にOKボタンがあります。それを押すと平行移動と回転が確定します。

Point

円柱とトーラスを生成してみました。ほかにもいろいろありますが、どの立体も真ん中に表示されます。どういうことかというと、FreeCADには座標の概念が搭載されており、これらの立体は常に原点(x,y,z)=(0,0,0)に表示されます。

原点から平行移動と回転を使って立体を移動させ、積み木のように重ねていきましょう。

15 コップを作るため、円柱がくり抜かれている必要があります。そこで、くり抜くためにもう一度円柱を用意します。イメージとしては、円柱をドリルの歯に見立てて穴を開けていきます。

🔻 図 5-19

16 それでは円柱を用意しますが、また手順1に戻るのは面倒ですよね。コピーしましょう。コピーの方法は、ツリーのモデルにて円柱を選択した後、CTRLキーを押しながらCを押すとコピーです。
そのままの状態でCTRLキーを押しながらVを押すとペーストです。円柱001と書かれたデータが表示されればペーストが完了です。

🔻 図 5-20

※ Macユーザーの方はCTRLキーではなく、コマンドキーになります。

17 図5-19のようにペーストした円柱を少し小さくして重ね合わせてみましょう。以下がパラメーターです。円柱のプロパティにて値を入力します。Cylinder001のRadiusを30mm、Heightを75mmとします。

● 図5-21

18 円柱001のZ軸での位置を調整します。円柱001のプロパティを表示し、Placementから配置のプロパティを表示します。そこでZを5mmと入力すると円柱の上面がぴったりと重なります。

● 図5-22

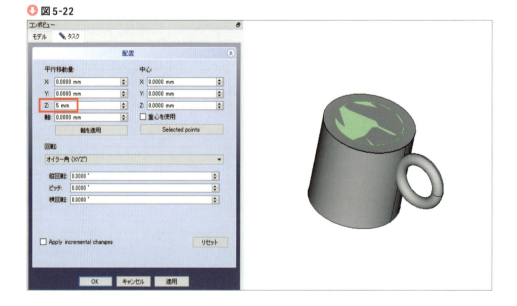

ここまで作ることができましたか。立体を重ねることでコップらしくなってきました。平行移動と回転を繰り返して理想の形を作ってみましょう。
　次からは3Dプリンターで印刷するときのための加工を紹介していきます。

> **Point**
>
> 　今回作成した円柱とトーラスの立体は、総称としてソリッドと呼ばれています。
> 　ソリッドとは、中身の詰まったデータであり、3Dプリンターで印刷することができます。3DCADを扱う際の共通言語なので覚えておきましょう。
>
> 🔻 図5-23
>
>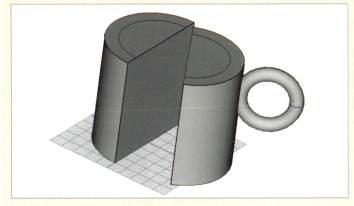

Section 5-2　積み木感覚でデザインする

Section 5-3 ブーリアン演算を用いてデータを1つにまとめよう

ここから3Dプリンターで印刷するための加工としてブーリアン演算をはじめていきます。それではまずはコップの穴の部分を作りましょう。

1 ツリーのモデルにてデータを選択します。1番目に円柱を選択し、CTRLキーを押しながら円柱001を選択します。そうすることで2つのデータが選択されています。
Macの場合はコマンドキーになります。

⬇ 図5-24

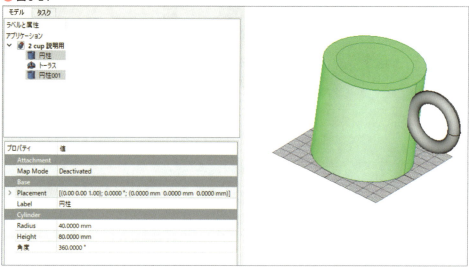

2 ブーリアン演算の減算ボタンを選択します。

⬇ 図5-25

3 円柱001が消去されて穴ができました。

⬇ 図 5-26

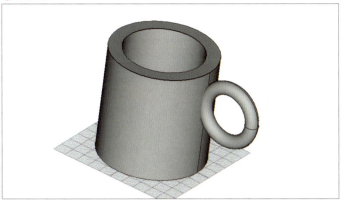

> **Point**
> 　減算を行う場合はデータを選択する順番に注意しましょう。はじめに選択するデータが残されるデータ、2番目に選択するデータが消されるデータです。

4 同じ要領で取っ手を取り付けるための穴を開けます。ツリーのモデルにてCutを選択した後、CTRLキーを押しながらトーラスを選択します。その後、手順2と同様のブーリアン演算の減算ボタンを選択します。

⬇ 図 5-27

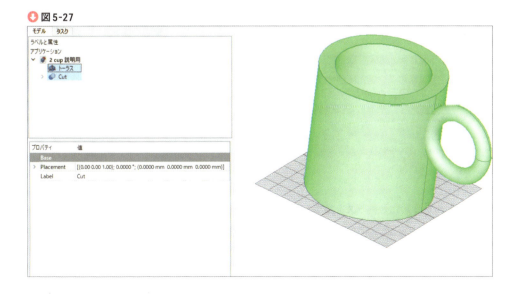

Section 5-3　ブーリアン演算を用いてデータを1つにまとめよう

5 コップの側面に取っ手を取り付けるための穴が作られました。

図 5-28

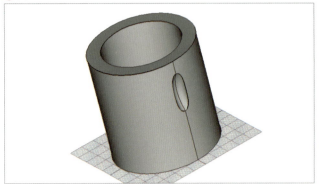

6 この穴に取っ手を取り付けるためトーラスを再表示させます。ツリーにてモデルを展開しトーラスを選択します。その後、スペースキーを押すと消えたはずのトーラスが再表示されます。

図 5-29

7 それでは穴にトーラスを結合していきましょう。今度はブーリアン演算の結合を使用していきます。まずはツリーのモデルにてデータを選択します。Cut001を選択した後、CTRLキーを押しながらトーラスを選択します。その後、結合ボタンを選択します。

🔽 図 5-30

※図の左側のボタンです。右側に同じようなボタンがあるので注意しましょう。

8 ブーリアン演算のプロパティが表示されます。そのまま設定はせずに適用を選択し、閉じるを押して完了します。

🔽 図 5-31

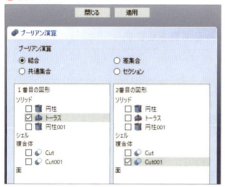

9 ツリーにFusionと書かれたデータが表示されれば完成です。

🔽 図 5-32

Point

　ブーリアン演算の初歩について触れました。どうでしたか。ブーリアン演算でデータをまとめると1つになり、1つにまとめたデータを3Dプリンターに読み込んでいきます。ブーリアン演算には結合と減算のほかにも積や和集合などがあります。

Section 5-4 コップの飲み口をきれいにしよう

次はコップの飲み口をきれいに加工していきます。ソリッドのコーナーを丸くするにはフィレットまたは面取りという加工を行います。

1 飲み口の外側の線の直上にマウスのカーソルを移動させます。

⬇ 図 5-33

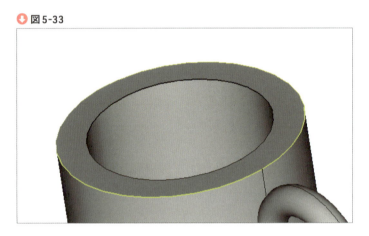

2 線の色が変わるのでクリックします。

⬇ 図 5-34

3 この状態のままフィレットボタンを選択します。

⬇ 図5-35

> **Point**
> 3DCADの業界では線のことをエッジと呼びます。覚えておきましょう。

4 フィレットのプロパティが表示されます。下の半径を3mmと入力しOKボタンを選択します。

⬇ 図5-36

5 飲み口のエッジが丸くなりました。

🔽 図5-37

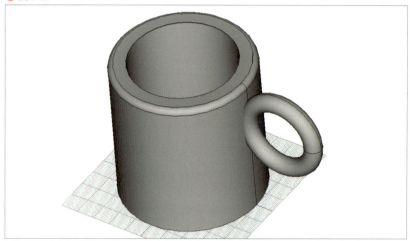

6 同じ要領でコップの内側もフィレットしましょう。

🔽 図5-38

7 コップの底面も角ばっていると危ないです。同じ要領でフィレットを適用します。

8 最後にコップの中をフィレットしましょう。角が付いていると洗うときに不便です。しかし、凹面のエッジを選択することができません。モデルの表示方法をワイヤーフレームに変更しましょう。ファイルメニューの表示から描画スタイルを、ワイヤーフレームを選択します。

図 5-39

9 モデルがワイヤーフレームに変わりました。

図 5-40

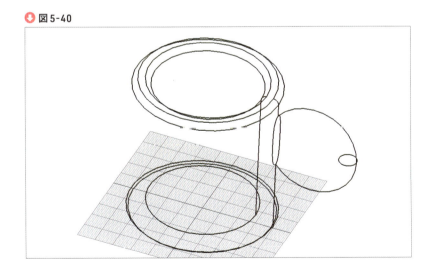

Section 5-4　コップの飲み口をきれいにしよう　195

🔟 コップの内側を構成しているエッジを選択します。選択すると緑色に変わります。

⬇ 図5-41

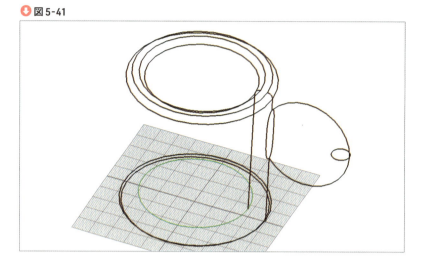

⑪ この状態でフィレットボタンを押して半径を5mmとします。するとエッジが増えました。

⬇ 図5-42

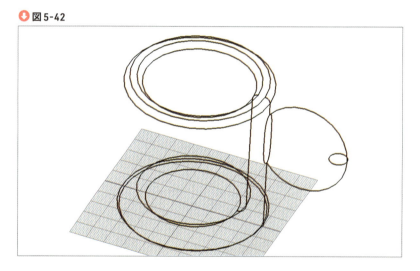

⑫ 全てのフィレットが終わりました。表示を元に戻します。ファイルメニューの表示から描画スタイルの「そのまま」を選択します。

Point

フィレットについて紹介しました。フィレットの半径を厚みよりも大きく設定するとデータが消えてしまいます。注意しましょう。

フィレットが使われる場面

主に機械部品や日常雑貨に用いられます。曲線的で手触りが滑らかです。

面取りが使われる場面

建設業界の鉄筋コンクリートに多く用いられます。万が一コンクリートの角に衝撃が加わったとき、面取りをすることで力が分散されるため、コンクリートの剥離や破損を防ぎます。

Section 5-5 曲線のメッシュを見直して滑らかにしよう

　ここでの作業は他の有償版3DCADではなじみのない作業ですが、FreeCADを使用して3Dデータを作る際には必須の内容です。作成したコップの曲面を拡大してみましょう。

🔽 図5-43

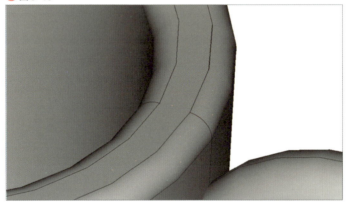

　拡大すると曲線がかくかくしているのが確認できます。なぜこのようなことが起こっているのかというと、低スペックパソコンでもFreeCADが動作するよう、初期設定がそのようになっています。

　設定を変更すると動作が重くなるため、デザインの最後にメッシュを再構築して曲線を滑らかにしましょう。この作業を行わないと曲線がかくかくした状態のまま印刷されてしまいますので要注意です。

1 プルダウンメニューから Mesh Design を選択します。

⬇ 図5-44

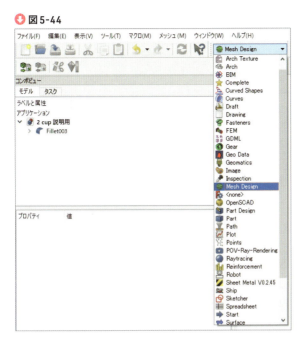

2 画面左側のモデルにて Filet を選択した後、ファイルメニューのメッシュからシェイプから
メッシュ作成を選択します。

⬇ 図5-45

Section 5-5 曲線のメッシュを見直して滑らかにしよう　199

3 テッセレーションと書かれたプロパティが表示されます。メッシュ作成オプションから
Netgenを選択し細かさの程度を非常に細かいとします。その他にはサーフェスの最適化に
チェックがあることを確認しOKを選択します。

🔻 図5-46

Point

「非常に細かい」とするとメッシュを再構築するためにCPUに負荷がかかります。しばらく待ち
ましょう。素早く作業を終えたい場合はメッシュが荒くなりますが、細かさの程度を中程度としま
しょう。

4 画面左側のモデルに新しいデータが生成されます。Filet(Meshed)です。元のデータであ
るFiletは非表示にしましょう。Filetを選択してスペースキーを押すと非表示になります。そ
れが完了したら新しくできたデータの曲線部を拡大してみましょう。滑らかになっています。

⬇ 図 5-47

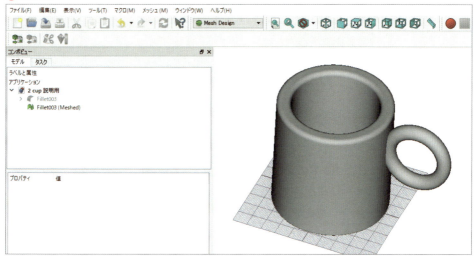

5 残念ながらこの状態では印刷できないためさらに加工します。プルダウンメニューからPartを選択します。その後、モデルにてFilet(Meshed)を選択した後、ファイルメニューのパートからメッシュから形状を作成を選択します。

⬇ 図 5-48

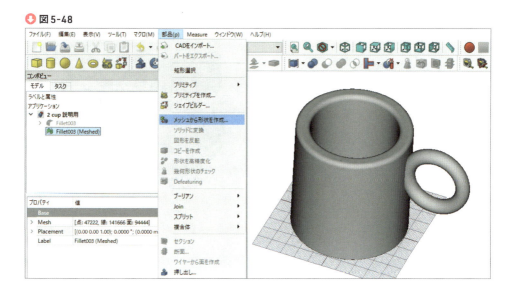

Section 5-5　曲線のメッシュを見直して滑らかにしよう　201

6 縫い合わせのトレランスと書かれたメッセージが表示されます。0.10のままOKを選択します。計算が開始されるのでしばらく待ちます。

⬇ 図5-49

7 モデルにMeshと書かれたデータが生成されます。最後に、このメッシュデータをソリッドデータに変換すれば印刷ができます。モデルにてMeshを選択した後、ファイルメニューのパートからソリッドに変化を選択します。

⬇ 図5-50

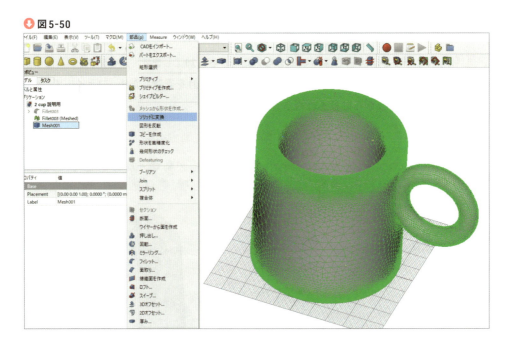

8 モデルにMesh(Solid)と書かれたデータが表示されます。これが最終データです。その他のデータは、選択した後にスペースキーを押して非表示にしておきましょう。

○ 図5-51

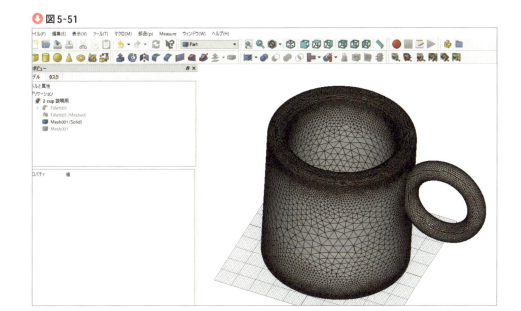

Section 5-6 3Dプリンターに読み込むデータを作ろう

コップが完成しました。FreeCADの操作に慣れましたか。ここでは、完成したデータを、3Dプリンターが読み込むことのできるデータ形式に変換します。それでは方法を紹介します。この操作をしなければ印刷できませんので、必ずマスターしましょう。

1 印刷したいデータをモデルにて選択した後、ファイルメニューのファイルからエクスポートを選択します。

🔻 図5-52

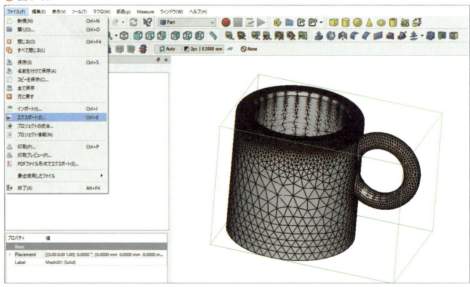

2 適当なファイル名を入力し、ファイルの種類をSTL Meshとして保存します。ファイル名はエラーを避けるため、英語が望ましいです。STL Meshとは一般的な3Dデータの形式です。

🔽 図5-53

ファイル名(N):	
ファイルの種類(T):	STL Mesh (*.stl *.ast)

▲ フォルダーの非表示　　　　　　　　　　　　　　　　　　　　　保存(S)　　キャンセル

　これで3Dプリンターに読み込むためのコップデータを作ることができました。印刷については8章にて詳しく紹介しているのでそちらを確認しましょう。

　次の章では、フリーハンドで描いたエッジを立体にしてみましょう。積み木では表現できない曲線的なモデルをデザインできます。

Section 5-6　3Dプリンターに読み込むデータを作ろう　**205**

Chapter
6

フリーハンドで描いた線を
立体にしよう

前の章では積み木の感覚で3DCADを扱う方法を取りあげました。本章では少し進んで、フリーハンドで描いたエッジを立体にする方法を紹介します。フリーハンドで描いた線は何回でも修正ができるので世界で自分だけのモデルを作成することができます。

Section 6-1 作成するスマホスタンドのモデル

◐ 図6-1

学習する内容

- フリーハンドでエッジを引く
- オフセット機能を使用する
- フリーハンドのエッジを立体にする
- 寸法計測と拡大縮小機能

覚えておきたい用語

 B-スプライン(フリーハンドの線)

　B-スプラインとは、与えられた複数の制御点とノットベクトルから定義される滑らかな曲線です。FreeCADでは制御点を自由に移動させることができます。

🔽 図6-2

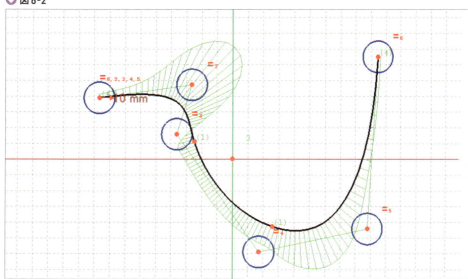

Section 6-2 フリーハンドで描いてみる

　それではフリーハンドの曲線を描いてみましょう。後から修正できるので思いっきり描いてみましょう。マウスの左クリックを用います。

1 プルダウンメニューから「Draft」を選択します。

▼ 図6-3

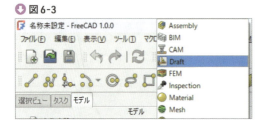

2 B-スプラインボタンをクリックします。

▼ 図6-4

3 画面を上から見た状態に調整し、スナップ機能をOFFにします。詳しくは1～3章を確認ください。

4 スマホスタンドを真横から見たラインを描きます。スマホが落ちないように考えます。

🔽 図6-5

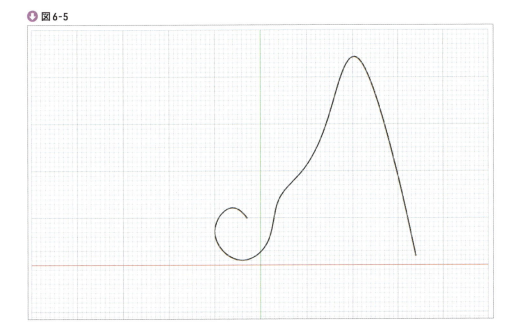

5 一筆書きは至難の業です。引いた線をクリックしした後、編集ボタンをクリックします。

🔽 図6-6

6 線上に制御点が四角形で表示されます。

◎ 図6-7

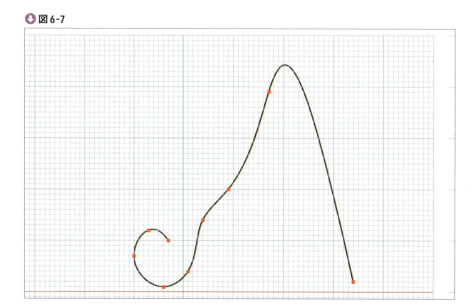

7 四角形をクリックし移動させましょう。移動させることで微修正ができます。

8 このような形に微修正します。

◎ 図6-8

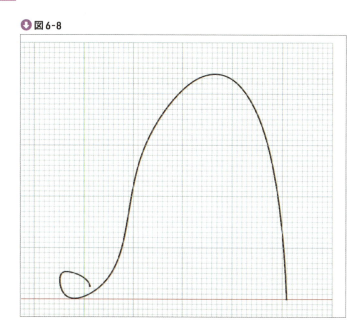

9 線を引き終わったら、線をコピーしペーストしておきます。

10 描いた線をクリックした後、オフセットボタンをクリックします。

⬇ 図6-9

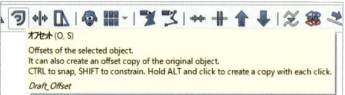

11 厚みが2mm以上確保できる線をオフセットします。

⬇ 図6-10

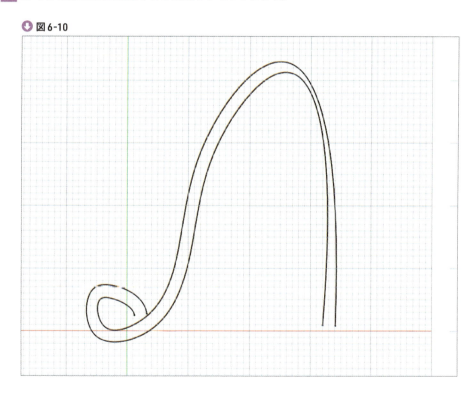

12 オフセットした線を厚さがバラバラなため、もう一度編集を行います。

⬇ 図6-11

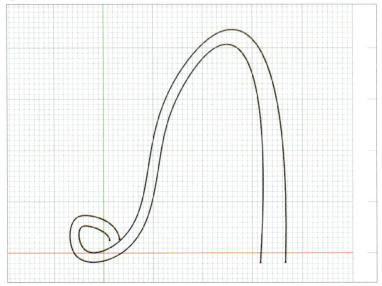

13 両方の線を選択します。2本目以降の線を選択する際はCTRLキーを押しながら線を選択します。

14 Partワークベンチに移ります。

15 面作成ボタンをクリックします。

⬇ 図6-12

16 画面を傾かせることで面が出来たことを確認できます。

🔽 図 6-13

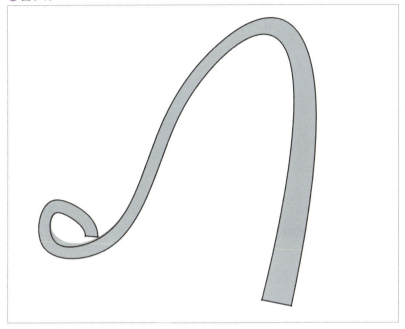

17 面をクリックした後、押し出しボタンをクリックします。

🔽 図 6-14

18 押し出しプロパティの数値を調整します。
カスタム方向にチェックし、Zを1とします。
長さは順方向を100mmとします。
角度の操作は不要です。
ソリッド作成にチェックを入れます。
最後にOKを押します。

◎ 図6-15

19 完成です。

◎ 図6-16

20 設定を見直して曲線を滑らかにしましょう。ファイルメニューの「編集」から「設定」を選択します。次に、設定のプロパティにて「パートデザイン（Part/Part Design）」から「シェイプビュー」タブを選択し、「テッセレーション」の「モデルのバウンディングボックスに依存する最大偏差」を0.1%とします。

○ 図6-17

21 適用ボタンを押してOKを選択すると完了です。モデルの曲線が滑らかになりました。

○ 図6-18

Point

バウンディングボックスに依存する最大偏差を0.1%とすることで曲線は滑らかになりましたが、PCのCPUへの負荷が増しました。FreeCADの操作中に「応答なし」などの状態が頻発する場合はデフォルトの0.5%に戻しましょう。または、CPUが高性能な機種に変更しましょう。

Section 6-3 拡大縮小してみよう

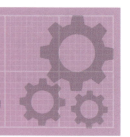

　フリーハンドの線を立体にすることができました。でも、フリーハンドで描いたのでいまいち大きさがわかりませんよね。そこで、スマートフォンの大きさを計測してスタンドに乗せてみましょう。

　スタンドの形が合わない場合は、拡大縮小機能で整えることができます。そして、FreeCADの拡大縮小機能は単純に形が変わるだけではなく、各軸方向に適用されるため、X軸方向のみを拡大することもできます。

1 スマートフォンの大きさを計測してみましょう。今回は、縦150mm、横80mm、高さ10mmとします。

2 スマートフォンを作りましょう。プルダウンメニューからPartを選択し、立方体のアイコンを選択します。

🔽 図6-19

3 モデルにて立方体を選択します。

🔽 図6-20

218　Chapter 6　フリーハンドで描いた線を立体にしよう

4 立方体のプロパティが表示されます。ここでスマートフォンの大きさを入力します。入力個所は「Box」の「Length」「Width」「Height」です。

Length	180mm
Width	80mm
height	10mm

🔽 図6-21

プロパティ	値
Attachment	
Map Mode	Deactivated
Base	
> Placement	[(0.00 0.00 1.00); 0.0000 °; (0.0000 mm 0.0000 mm 0.0000 mm)]
Label	立方体
Box	
Length	180.0000 mm
Width	80.0000 mm
Height	10.0000 mm

5 スマホの模型とスタンドの大きさが全く合っていないことがわかります。

🔽 図6-22

6 この直方体が実際のスマートフォンの大きさです。これをスタンドに乗せるため、直方体をずらしてみましょう。モデルにて立方体を選択し、プロパティを表示します。次に「Base」の「Placement」を選択し、右に表示された点のアイコンを選択します。

● 図6-23

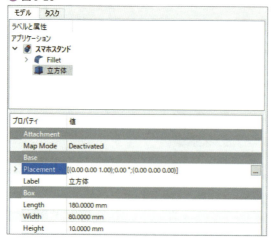

7 配置プロパティが表示されます。ここではモデルの平行移動と回転ができます。

● 図6-24

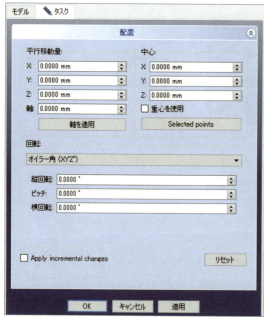

8 回転のプルダウンメニューをオイラー角とします。

9 平行移動量と回転に数値を入力し、スマートフォンを台の上に移動させます。このときの数値はそれぞれのデザインに合わせましょう。図は参考の値です。

図6-25

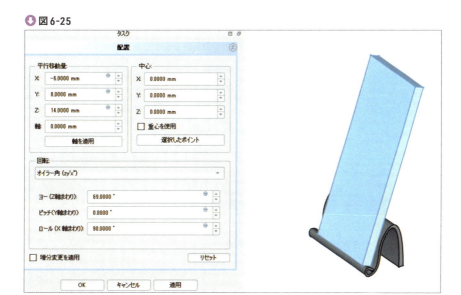

10 今回のスマホスタンドは小さいので拡大してみましょう。スマホスタンドのデータをクリックした後、拡大/縮小ボタンをクリックします。

図6-26

Section 6-3 拡大縮小してみよう 221

11 均一な拡大縮小にてある程度大きくします。今回は2としています。

🔽 図6-27

12 位置等を調整し大きさが問題ないか確認します。

🔽 図6-28

13 大きさを微修正した場合はxyz方向の数値を調整します。プルダウンメニューからDraftを選択します。

● 図6-29

14 クローンボタンを選択します。

● 図6-30

15 クローンが挿入されます。プロパティのScale x y zの値がデフォルトにて1となっています。これを2とすると2倍になります。0.5とすると半分になります。軸毎で調整できるので試してみましょう。

● 図6-31

Section 6-3　拡大縮小してみよう

Point XYZ軸

　FreeCADには座標と軸が搭載されており、複雑なモデルや建物をデザインするときに役立ちます。今はまだ気にする必要はありませんが、徐々に慣れていきましょう。ちなみに、XYZ軸の向きが画面の右下に表示されています。

⬇ 図6-32

16 完成です。

⬇ 図6-33

17 造形したいデータをクリックします。

18 ファイルメニューのファイルからエクスポートを選択します。適当なファイル名を入力し、ファイルの種類を「STL Mesh」として保存します。ファイル名はエラーを避けるため、英語が望ましいです。「STL Mesh」とは一般的な3Dデータの形式です。

⬇ 図6-58

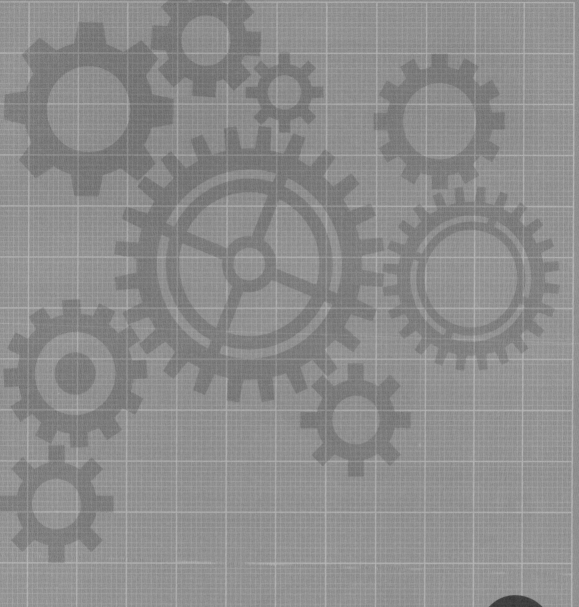

Chapter
7

いろいろな物を作ってみよう

7章ではさまざまなモデリングに挑戦してみましょう。できる操作が増えれば、作りたい物の幅が広がります。FreeCADを通して物作りが楽しくなれば幸いです。

作成するさいころのモデル

🔽 図7-1

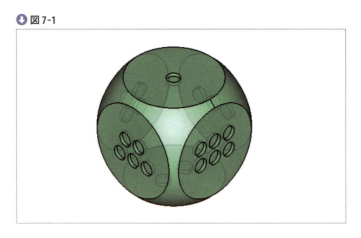

作成する幾何学的なモデル

🔽 図7-2

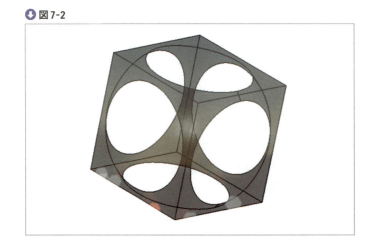

作成するT字管のモデル

⬇ 図7-3

作成するフランジ付きT字管のモデル

⬇ 図7-4

作成するスマートフォンケースのモデル

⬇ 図7-5

学習する内容

- ◆ 2つの図形の共通集合を作成
- ◆ 配列機能でモデルを格子状にコピーする
- ◆ XOR
- ◆ チューブ作成機能
- ◆ パイプ接続機能
- ◆ 結合機能
- ◆ くぼみ機能

覚えておきたい内容

共通集合

共通集合とは、集合AとBが互いに重なり合い、共通部分の集まりのことです。3DCADではモデルAとBの重なった個所が取り出され、残りの個所は消去することができます。

◎ 図7-6

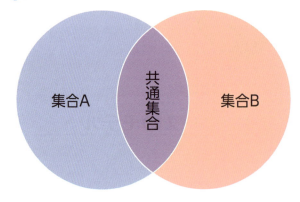

フランジ

フランジとは、管の端部などに取り付けられている金属の輪です。輪にはボルトを通す穴があけられており、フランジとフランジを合わせてボルトで接合します。フランジとフランジの間にはガスケットと呼ばれる緩衝材を挟みます。

Section 7-2 さいころ

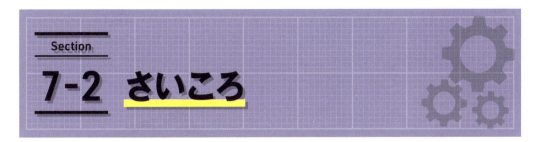

それでは早速さいころを作ってみましょう。以下が具体的な手順になります。

1 プルダウンメニューから「Part」を選択します。

🔽 図7-7

2 立方体と球体のアイコンを選択します。

🔽 図7-8　🔽 図7-9

3 立体が画面に挿入されます。

🔽 図7-10

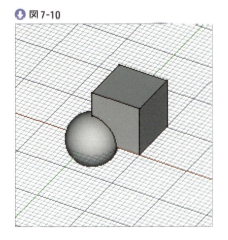

4 立体の大きさを変更しましょう。モデルタブからツリーにて立方体を選択するとプロパティが表示されます。「Length」「Width」「height」の項目をそれぞれ30mmとします。入力後、立方体が自動で大きくなります。

⬇ 図7-11

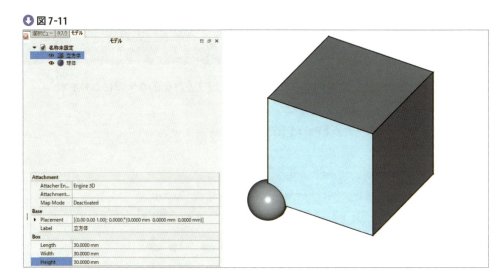

5 次は球体です。同様の操作で大きくします。「Radius」を20mmとします。

⬇ 図7-12

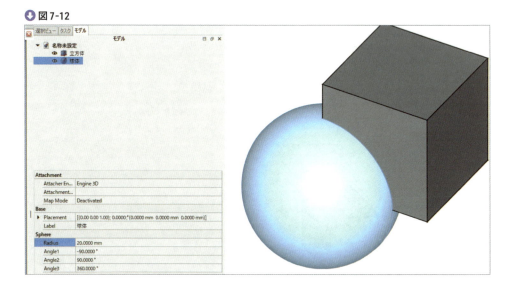

6 立体を大きくしたら今度は位置を調整します。まず、モデルタブからツリーにて「立方体」を選択した後、プロパティの「Placement」の値の部分をクリックします。すると右側に「…」マークの小さなアイコンが表示されるので、そこをクリックします。

⬇ 図7-13

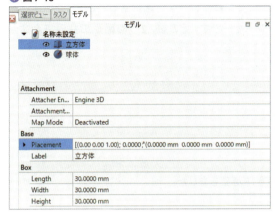

7 配置プロパティが表示されます。「平行移動量」のXYZをそれぞれ−15mmとします。

⬇ 図7-14

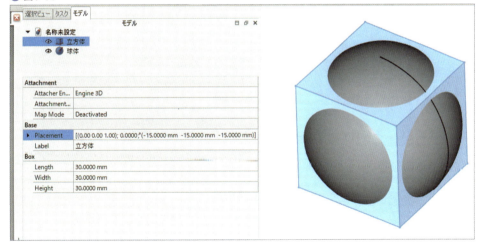

8 プルダウンメニューから「Part」にもどります。

9 ここからは、共通集合といって、立方体と球体が重なり合っている個所を取り出します。まずは、ツリーにて球体と立方体のデータを選択します。
順番はどちらが先でも大丈夫ですが、2つ目のデータを選択するときはCTRLキーを押しながら選択します。macの方はコマンドキーです。その後、2つの図形の共通集合を作成ボタンを選択します。

⬇ 図7-15

10 共通集合が適用され、さいころの本体ができました。

⬇ 図7-16

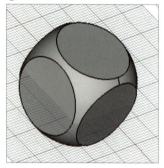

11 次はさいころの目をデザインしていきます。円柱のマークを選択します。

⬇ 図7-17

12 円柱が画面に表示されますが、さいころの中に隠れて見えません。プロパティの「Placement」から配置プロパティを表示し、「平行移動量」のZを14mmと入力した後、OKを押します。

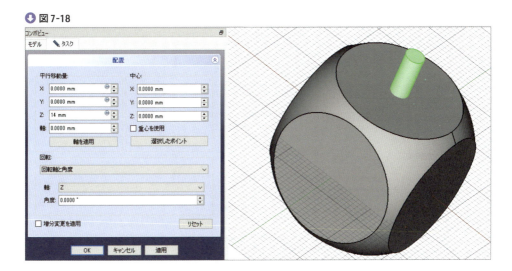

● 図7-18

13 円柱が1つではつまらないので増やしましょう。プルダウンメニューの「Draft」を選択します。

● 図7-19

14 モデルタブからツリーにて円柱を選択した後、配列ボタンを選択します。

● 図7-20

15 配列プロパティが表示されます。以下のパラメーターを入力します。

⬇ 要素の数

X	2
Y	3
Z	1

⬇ Xの間隔

X	5mm

⬇ Yの間隔

Y	5mm

⬇ 図7-21

16 円柱が格子状にコピーされ、6個になります。

◎ 図7-22

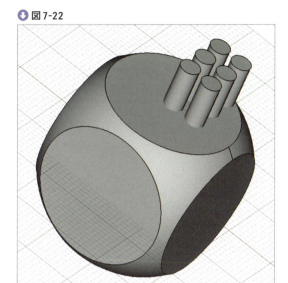

17 円柱群 (Array) をさいころの面の中心に移動させましょう。移動する際は、プロパティの「Placement」からです。X方向に-2mm、Y方向に-5mmです。

◎ 図7-23

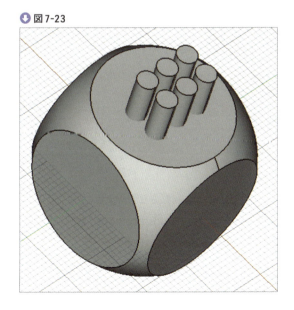

18 さいころの中に1mmだけ円柱群が刺さっている状態です。この1mmだけ干渉し合っている箇所を消去して模様を作ります。

では、モデルタブからツリーにてさいころの本体を選択した後、CTRLキーを押しながら「Array」を選択します。macの方はコマンドキーです。今回は順番を逆にするとモデルが消えてしまいます。注意しましょう。選択後、プルダウンメニューから「Part」を選択し、減算ボタンを押しましょう。

⬇ 図7-24

19 円柱群が消去され、6の目の模様ができました。

⬇ 図7-25

20 残りの面にも数を書いていきます。まずはさいころを回転させましょう。

モデルタブのツリーにて「Cut」を選択し、プロパティの「Placement」から配置プロパティを表示します。回転をオイラー角度とし、X軸周りを90°とします。

⬇ 図7-26

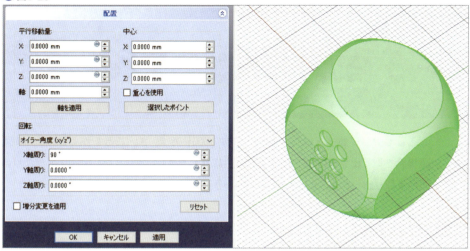

21 手順11にもどり、残りの1から5の目を作りましょう。

⬇ 図7-27

22 3Dプリンターで印刷するため、データを取り出しましょう。印刷したいデータを選択した後、メインメニューの「ファイル」から「エクスポート」を選択します。STL Meshという拡張子で保存しましょう。エラーを避けるため、ファイル名は英語が望ましいです。

⬇ 図7-28

Section 7-3 幾何学的なモデル

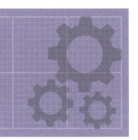

　ここで少し変わった操作を紹介します。XORです。さいころを作る際、2つの図形の共通集合を取り出しました。XORはその逆になります。つまり、2つの図形が重なり合わない個所を取り出します。少しやってみましょう。

1 さいころの手順10までモデルを作成します。

図7-29

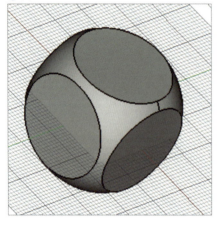

2 プルダウンメニューから「Part」を選択します。その後「立方体」を選択して作成します。

3 立方体の1辺を30mmにし、さいころに重ね合わせましょう。重ね合わせは、プロパティの「Placement」にある配置の平行移動を活用します。

○ 図7-30

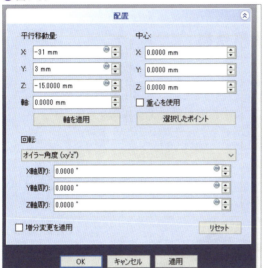

○ 図7-31

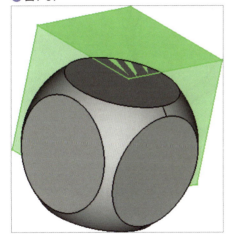

移動前

○ 図7-32

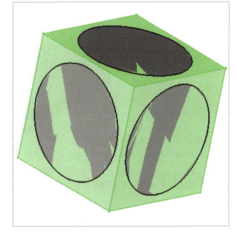

移動後

4 準備が整いました。2つのデータを選択して処理を実行します。まずは、モデルタブから「立方体」を選択し、CTRLキーを押しながら「Common」を選択します。その後「XOR」ボタンを選択しましょう。

⬇ 図7-33

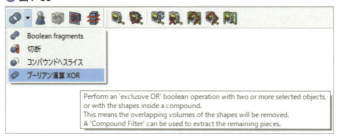

5 モデルの完成です。

⬇ 図7-34

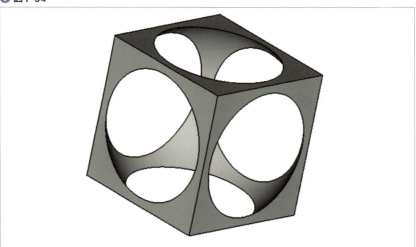

6 3Dプリンターで印刷するため、データを取り出しましょう。印刷したいデータを選択した後、メインメニューの「ファイル」から「エクスポート」を選択します。STL Meshという拡張子で保存しましょう。エラーを避けるため、ファイル名は英字の使用が望ましいです。

⬇ 図7-35

Section 7-4 T字管

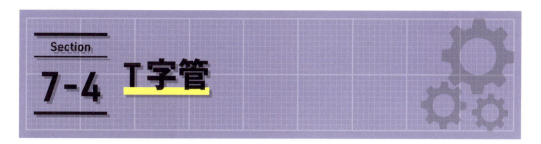

今度はT字管を作ってみましょう。筒と筒が垂直に交差するため、一見すると作るのは難しそうですが、FreeCADの機能を使えばあっという間に作ることができます。

1 プルダウンメニューから「Part」を選択します。

🔽 図7-36

2 チューブ作成ボタンを選択します。円柱と間違えないようにしましょう。

🔽 図7-37

3 画面の左側に寸法を記入するウィンドウが表示されます。以下の値を入力します。入力後、OKボタンを押します。

Outer radius	35mm
Inner radius	30mm
Height	100mm

図7-38

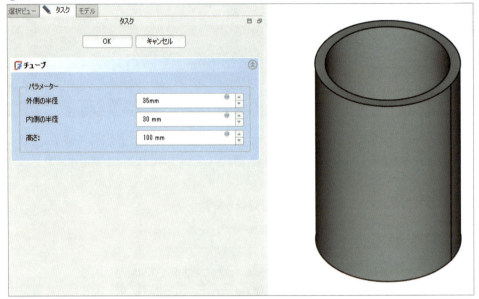

4 手順2から3をもう一度行い、同じ大きさのパイプを作ります。

5 モデルタブからツリーにて「Tube」を選択し、プロパティの「Placement」にて値の個所を選択します。右側に「…」のアイコンが表示されるのでそこを選択します。

図7-39

6 配置プロパティが表示されます。ここでパイプを回転させてT字にしましょう。まずは、回転を「オイラー角」に設定し、Y軸周りを90°とします。その後、「平行移動量」のZを50mmとします。

図7-40

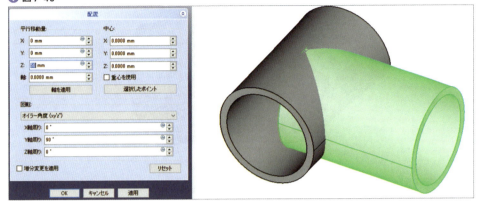

7 パイプを重ね合わせることができたので、配管内の不要な個所を消去します。まずは、2つのデータを選択します。どちらが先でも大丈夫です。
ここではモデルタブからツリーにて「Tube」を選択した後、2つ目以降はCTRLキーを押しながら「Tube001」を選択します。その後、「Connect objects」を選択します。

図7-41

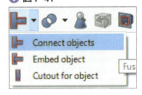

Section 7-4　T字管　243

8 配管内の不要なパーツが消去されてT字パイプができました。

図7-42

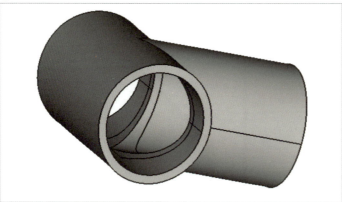

9 データを保存しましょう。次のフランジ作成に続きます。

Section 7-5 フランジを作ってT字管に取り付けよう

1つ前にてT字管を作りました。実用性を高めるため、今度はフランジを作成してT字管に結合してみましょう。

1 プルダウンメニューから「Draft」を選択します。

◎ 図7-43

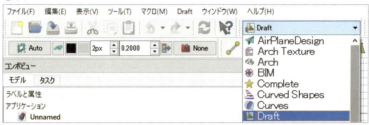

2 ツールバーの確認をします。メインメニューにて右クリックし、以下のツールバーが表示されていることを確認します。ツールバーが右側に隠れている場合は、マウスでつまんで左側にドラッグしましょう。

- ◆ タスク
- ◆ モデル
- ◆ 選択ビュー
- ◆ ファイル
- ◆ 編集
- ◆ クリップボード
- ◆ ワークベンチ
- ◆ ビュー
- ◆ 構造体
- ◆ ヘルプ
- ◆ 基本設計作成ツール
- ◆ 基本設計注釈ツール
- ◆ 基本設計修正ツール
- ◆ 基本設計ユーティリティツール
- ◆ 基本設計スナップ

◎ 図7-44

3 画面に座表面が表示されます。

⬇ 図7-45

Point

座標面が表示されない場合は「グリッドの表示を切り替え」を選択しましょう。

⬇ 図7-46

4 スナップ機能をONにします。まずは南京錠のボタンを選択します。

⬇ 図7-47

5 3つの機能をONにしましょう。グリッド、端点と寸法です。ONにすると水色の網がかかります。

⬇ 図7-48

6 画面が斜めの場合は「上面ビューに設定」ボタンを押すと座標が平らになります。

⬇ 図7-49

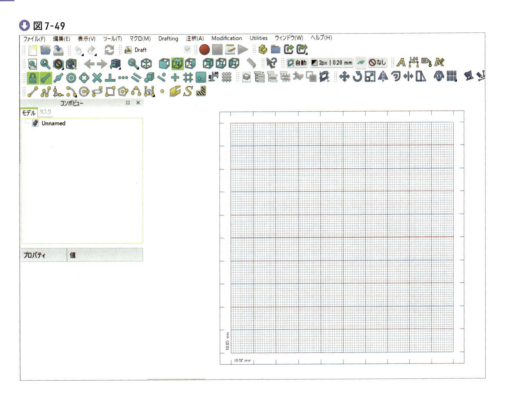

7 フランジの下書きをしていきます。「円」のボタンを選択しましょう。

⬇ 図7-50

8 原点にて左クリックし、半径30mmの円を描きます。

⬇ 図7-51

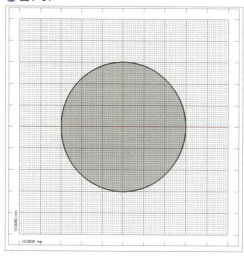

9 円の面を消去し線のみを取り出しましょう。これは円を選択したのち、「ダウングレード」ボタンを選択することでできます。

⬇ 図7-52

10 「ダウングレード」ボタンを選択すると面が消えて線のみになります。

⬇ 図7-53

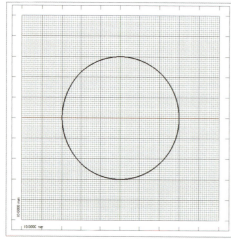

11 手順8～11を参考に、今度は原点を中心とした半径50mmの円を描きます。

⬇ 図7-54

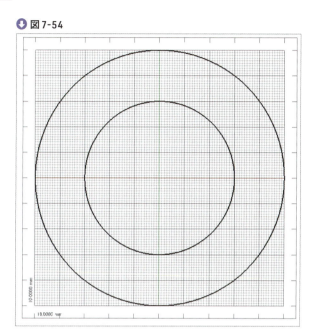

12 次はフランジのもととなる面を作ります。プルダウンメニューから「Part」に切り替えます。その後、2つの円を選択します。2つ目の円を選択するときはCTRLキーを押しながら選択します。macの方はコマンドキーです。2つの円を選択した状態で「面作成」ボタンを選択します。データはツリー上で選択すると楽です。

⬇ 図7-55

⬇ 図7-56

Section 7-5　フランジを作ってT字管に取り付けよう　249

13 円と円の間に面が表示されます。

⬇ 図7-57

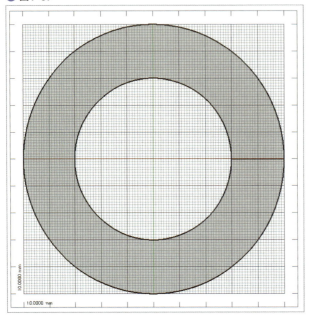

14 次はこの面を立体にします。面を選択した後、「押し出し」ボタンを選択します。

⬇ 図7-58

15 「押し出し」プロパティにてパラメーターを調整します。「カスタム方向」の「Z」を1とします。「長さ」の「順方向」を10mmのままとし、「ソリッド作成」にチェックを入れます。最後にOKボタンを選択します。

16 画面に立体が表示されます。

●図 7-59

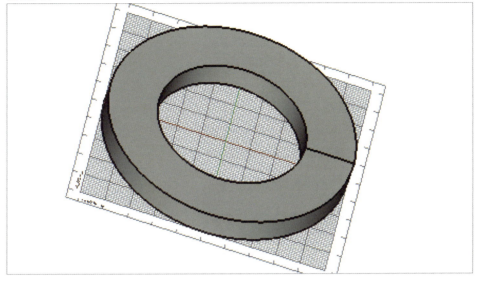

17 次はフランジ接合のためのボルト穴を設けます。「円柱」ボタンを選択します。

●図 7-60

18 ツリーにて「円柱」を選択してプロパティから「Radius」を10mmとします。

●図 7-61

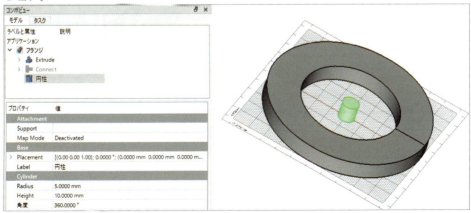

Section 7-5 フランジを作ってT字管に取り付けよう 251

19 円柱をフランジ側に移動させます。プロパティの「Placement」の値の部分をクリックし、右側に表示された小さな「…」アイコンを選択します。

⬇ 図 7-62

20 「配置」プロパティが表示されます。「平行移動量」のXを43mmとします。OKボタンを押すとモデルが動きます。

⬇ 図 7-63

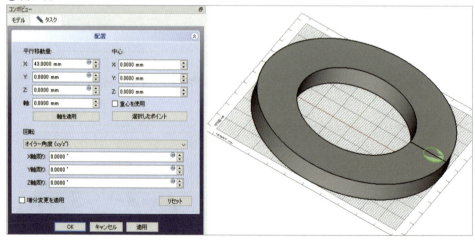

21 次は円柱を同心円状にコピーします。プルダウンメニューから Draft を選択し、Polar array を選択します。

⬇ 図 7-64

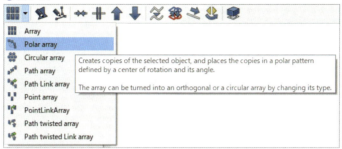

22 プロパティのパラメーターを調整します。「円角度」を360°のままとし、「要素の数」を8とします。回転の中心は原点である0mmとし、OKボタンを選択します。

⬇ 図 7-65

23 円柱が同心円状にコピーされました。

🔽 図7-66

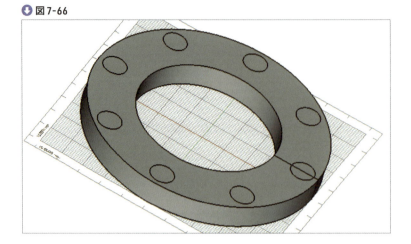

24 次は円柱を消去してボルトを差し込む穴を設けます。まずはモデルタブからツリーにて「Extrude」のデータを選択した後、CTRLキーを押しながらArrayのデータを選択します。macの方はコマンドキーです。

🔽 図7-67

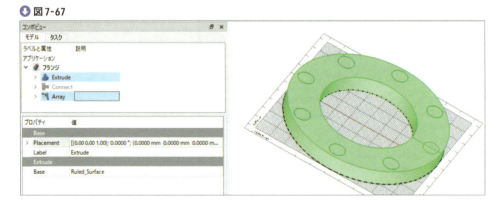

25 プルダウンメニューから「Part」に戻り、減算ボタンを選択します。

🔽 図7-68

26 穴が空きます。

⬇ 図7-69

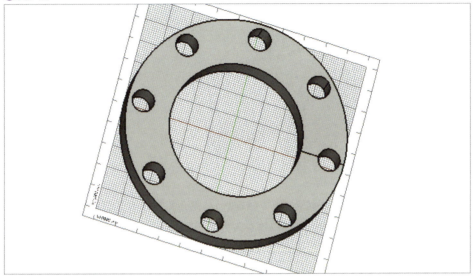

27 フランジが完成しました。T字管のデータを読み込んで結合してみましょう。メインメニューの「ファイル」から「プロジェクトの結合」を選択します。

⬇ 図7-70

28 保存されたT字管のデータを選択すると、画面にT字管が表示されます。

⬇ 図7-71

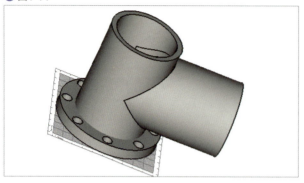

29 画面のモデルを見ると結合されているように見えます。しかしデータとして結合がされていないため、3Dプリンターにデータを入力すると別々のパーツとして出力されます。そこでデータ同士を結合しましょう。まずは、結合した個所にフランジを移動します。配置プロパティを使います。

※配置プロパティについては手順20を確認

⬇ 図7-72

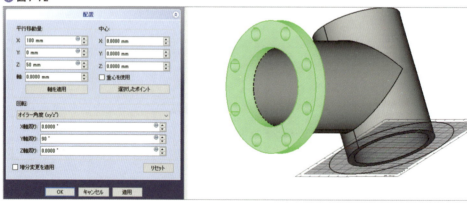

30 T字管とフランジのデータを選択します。2つ目以降のデータを選択するときはCTRLキーです。もういいですね。データを選択したら「結合」ボタンを選択します。「選択された2つの図形のブーリアン演算を実行」と表示されます。

⬇ 図7-73

256　Chapter 7　いろいろな物を作ってみよう

31 プロパティが表示されます。そのまま適用を選択した後、閉じるをクリックします。

○ 図 7-74

32 データ同士が結合されました。ツリーを確認するとFusionと表示されています。

○ 図 7-75

33 これで3Dプリント用のデータの完成です。

🔽 図7-76

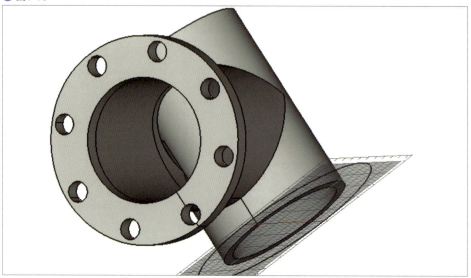

34 3Dプリンターで印刷するため、データを取り出しましょう。印刷したいデータを選択した後、メインメニューのファイルから「エクスポート」を選択します。STL Meshという拡張子で保存しましょう。エラーを避けるため、ファイル名は英字の使用が望ましいです。

🔽 図7-77

Section 7-6 スマートフォンケース

章の最後にスマートフォンケースを作ってみましょう。FreeCADのくぼみ機能を使えばいろんなケースを簡単に作ることができます。

1 プルダウンメニューからDraftを選択します。

⬇ 図7-78

2 ツールバーの確認をします。メインメニューにて右クリックし、以下のツールバーが表示されていることを確認します。ツールバーが右側に隠れている場合は、マウスでつまんで左側にドラッグしましょう。

- ◆ タスク
- ◆ モデル
- ◆ 選択ビュー
- ◆ ファイル
- ◆ 編集
- ◆ クリップボード
- ◆ ワークベンチ
- ◆ ビュー
- ◆ 構造体
- ◆ ヘルプ
- ◆ 基本設計作成ツール
- ◆ 基本設計注釈ツール
- ◆ 基本設計修正ツール
- ◆ 基本設計ユーティリティツール
- ◆ 基本設計スナップ

⬇ 図7-79

3 画面に座表面が表示されます。

⬇ 図7-80

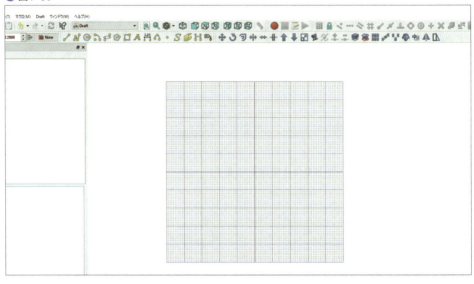

Point

座標面が表示されない場合は「グリッドの表示を切り替え」を選択しましょう。

⬇ 図7-81

4 作図補助機能をONにします。まずは南京錠のボタンを選択します。

⬇ 図7-82

5 3つの機能をONにしましょう。グリッド、端点と寸法です。ONにすると水色の網がかかります。

⬇ 図7-83

6 画面が斜めの場合は「上面ビューに設定」ボタンを押すと座標が平らになります。

⬇ 図7-84

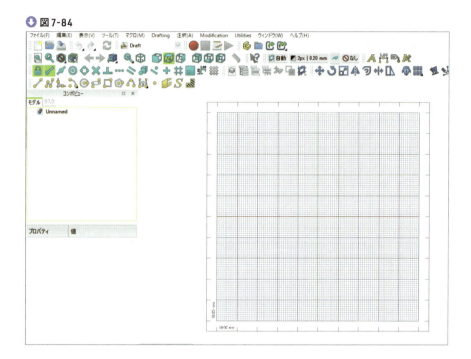

7 スマートフォンケースの下書きをしていきます。「四角形」のアイコンを選択します。

⬇ 図7-85

8 縦100mm、横50ｍｍの長方形を描きます。

○ 図7-86

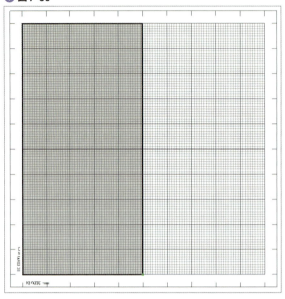

9 ツリーにて「Rectangle」を選択してプロパティを表示します。プロパティの「Fillet Radius」を5mmとすると長方形のコーナーが丸まります。

○ 図7-87

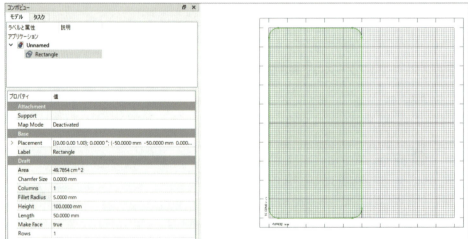

10 これで下書きは完了です。プルダウンメニューで「Part」へ移動し長方形を立体にします。長方形を選択した後、「押し出し」ボタンを選択します。

図7-88

11 「押し出し」のプロパティが表示されます。下記のパラメーターを入力してOKボタンを選択します。「カスタム方向」の「Z」を1とし、「長さ順方向」を15mmとします。その後、「ソリッド作成」にチェックを入れてOKボタンを選択します。

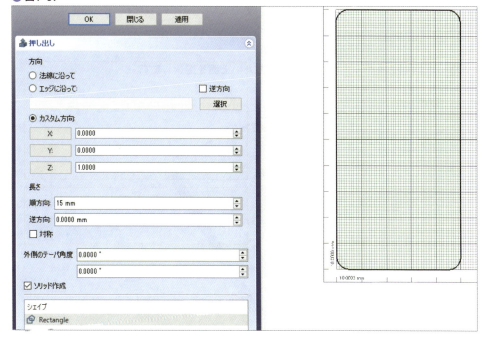
図7-89

12 画面に立体が表示されます。

○ 図7-90

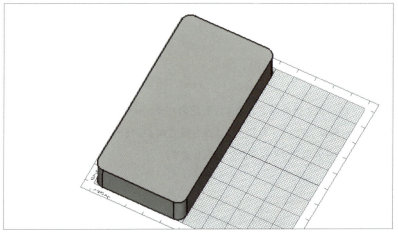

13 次はくぼみを作ります。くぼみを作りたい上面を選択します。

○ 図7-91

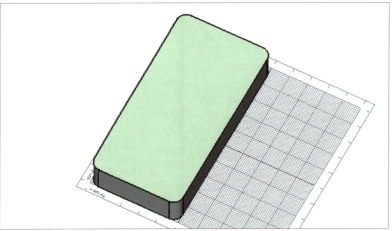

14 くぼみ作成のため「厚み」ボタンを選択します。

○ 図7-92

264　Chapter 7　いろいろな物を作ってみよう

15 プロパティが表示されます。「厚み」を3mm、「モード」をスキン、「接合の種類」を円弧として OK ボタンを選択します。

⬇ 図 7-93

16 立体の上面がくぼみました。

⬇ 図 7-94

17 ここからは手順17で作成したケースを加工していきます。どのような加工かというと、端部を丸めるフィレット、穴あけです。まずはフィレットを行います。
ケースの端部の線を選択します。

⬇ 図7-95

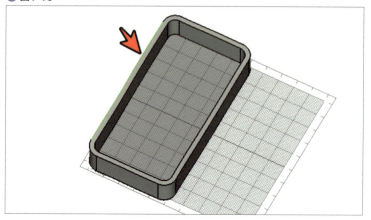

18 フィレットボタンを選択します。

⬇ 図7-96

19 プロパティが表示されます。以下のパラメーターを入力します。すべてボタンを選択した後、半径を1mmのままとし、OKボタンを選択します。

⬇ 図7-97

20 立体の端部が削り取られ、丸くなりました。

⬇ 図 7-98

　次は穴あけです。ケースに必要なカメラレンズ用の穴、充電ケーブル用の穴などを設けます。穴を開けるためには穴の形状と同じ立体が必要です。プルダウンメニューのDraftから下書きを行い、立体を作ります。

21 充電ケーブル用の穴と同じ立体を作ります。下図を作りましょう。空いている座標のスペースに作りましょう。弧を描くときは図の赤色矢印で示した先のアイコンを使います。

⬇ 図 7-99

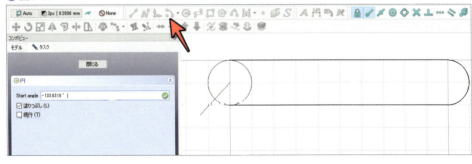

22 下書きが完了したら面を作ります。アップグレードボタンを探します。

⬇ 図 7-100

23 全ての線を選択した状態でアップグレードボタンをクリックします。データがFaceになるまで続けます。

※2本目以降の線を選択するときはCTRLキーを押し続けます。

⬇ 図7-101

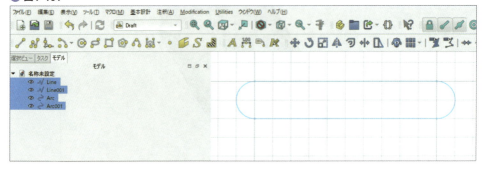

24 面が表示されます。面が表示されない場合は、線がくっついていないことが考えられます。下書きを見直しましょう。

⬇ 図7-102

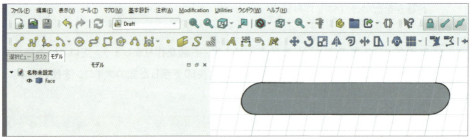

25 次は面を選択して「押し出し」です。内容は手順11〜12と同様です。押し出す量は10mmで大丈夫です。

⬇ 図7-103

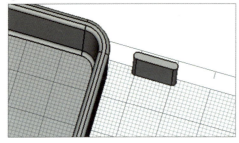

26 次は、手順26で作成した立体を所定の個所に回転および移動させます。所定の場所とは、ケースと充電ケーブルが交差する場所です。ツリーの中から「Extrude」を選択、プロパティの「Placement」にて値を選択、右側に表示された「…」アイコンを選択します。

● 図7-104

27 配置プロパティが表示されます。ここではモデルを移動させ、回転さえることができます。適当な数字を入力し、ケースと充電ケーブルが交差する個所にモデルを配置します。モデルを回転させる場合は、回転をオイラー角度に設定すると便利です。

● 図7-105

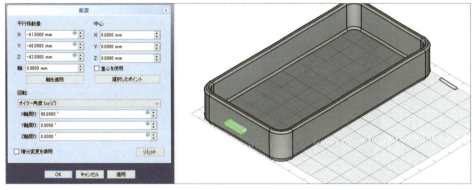

28 セットが完了したので「減算」ボタンにて穴を設けます。ケース本体を選択した後、CTRLキーを押しながら充電ケーブルの穴の立体を選択します。macの方はコマンドキーです。その後、「減算」ボタンを選択します。

● 図7-106

29 穴が設けられました。

🔽 図7-107

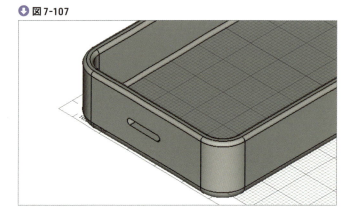

30 カメラレンズ用の穴なども同じ要領で作ります。手順22〜30を確認しながら作ってみましょう。

31 完成形です。

🔽 図7-108

32 3Dプリンターで印刷するため、データを取り出しましょう。印刷したいデータを選択した後、メインメニューの「ファイル」から「エクスポート」を選択します。STL Meshという拡張子で保存しましょう。エラーを避けるため、ファイル名は英字が望ましいです。

🔽 図7-109

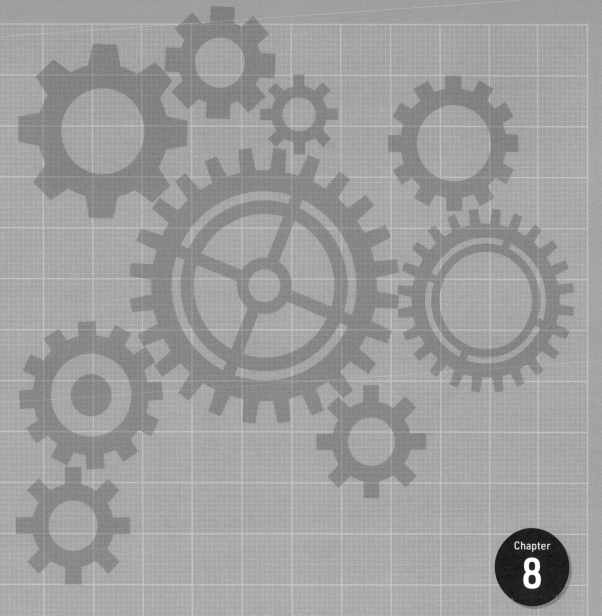

Chapter 8

FreeCADで作成したモデルを造形してみよう

FreeCADで作成したモデルを3Dプリンターで造形していくために必要なことを学びましょう。本章では3Dプリンターの概要と購入に際しての豆知識、実際に造形するために必要な確認や手順を紹介しています。

Section 8-1 3Dプリンターとは

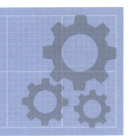

概要

　3Dプリンターとは、デジタルモデルをもとにした3次元的な造形ができる機械のことです。世の中に広く出回っているタイプのものは「熱溶解積層法」と呼ばれるもので、造形の元となる「フィラメント」を熱で溶かしてこれを積層させることで立体を造形します。
　簡単に例えると、コーンを持ってソフトクリームを作るイメージです。

 図 8-1

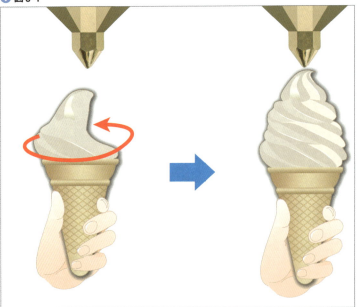

　積層で造形していくため下から上に向かって印刷することが条件になりますので、積層法はあまり複雑な立体の造形には適していません。それでも、造形の途中にサポート材も造形してしまえば、花瓶の取っ手のように宙に浮いた部材も造形できちゃいます。

🔽 図8-2

サポート材があれば様々な形状を積層できる

　ここで疑問となってくるのがサポート材をつけても造形が難しそうなものがありますよね。例えば、恐竜の置物やキャラクターのフィギュアなどはどうでしょうか。パーツが細かいです。

　このような場合は「光造形方式」の3Dプリンターが活躍します。どのような仕組みかというと、光硬化性樹脂に光を当て、これを硬化させて積層します。

　その他には、いろんな方式があります。

インクジェット式	硬化性樹脂をノズルから噴射して積層する方法です。
粉末法	素材粉末を敷き詰め、レーザーや放電、高熱等で直接的に焼結させる方法です。
シート積層法	シート状の素材を積層します。

　家庭でも購入可能な3Dプリンターとなると、熱溶解積層法または光造形方式になります。価格帯としては2万円〜20万円ほどです（後ほど詳しく説明します）。

　産業用となると、粉末法を用いた「金属式3Dプリンター」が出てきます。あとは特殊な樹脂を用いた医療用、チョコレートなどを造形する料理用、建設業ではモルタルを積層していく建設用があります。

　多種多様です。このなかで改めて差別化するならば、材料を噴出していくノズルがそれぞれで大きく違います。次は、ノズルや積層型3Dプリンターの各部の名称についておさえていきましょう。

各部の名称

積層型3Dプリンターの各部の名称を紹介していきます。

🔽 図8-3

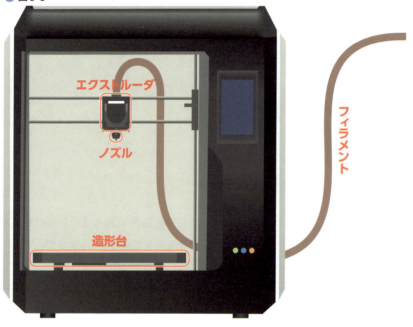

- ◆ ノズル：材料を噴射する筒先です。
- ◆ 造形台（プラットフォーム）：ここに立体が造形されます。
- ◆ フィラメント：造形される元です。熱で溶かされたフィラメントがノズルから出てきます。
- ◆ エクストルーダ：フィラメントを温めて押し出す装置です。

造形前の準備

ここからは4章で作成したモデルを造形する準備に入っていきましょう。必要な作業が2つあるので順番に紹介します。

3Dデータのエラー確認

4章で作成したデータのエラーを確認します。ここは重要な作業ですので飛ばさないようにしましょう。エラーがある状態のまま造形を開始すると失敗してしまいます。エラー確認はFreeCADを使わずMaterialise MiniMagicsを使用します。下記に詳しい手順を示します。

1 Materialise MiniMagicsのホームページにアクセスします。

▶ https://www.materialise.com/ja/software/minimagics

🔽 図8-4

2 右上のFree Downloadボタンをクリックします。

🔽 図8-5

Section 8-1　3Dプリンターとは　275

3 ソフトの一覧から Materialise MiniMagics 23.5 を選びクリックします。

● 図 8-6

4 ダウンロードが完了したら exe ファイルを開きます。

● 図 8-7

5 言語を選択して OK を選択します。

● 図 8-8

6 案内に従ってインストールを続行します。

7 インストール完了後、ソフトを起動します。

⬇ 図8-9

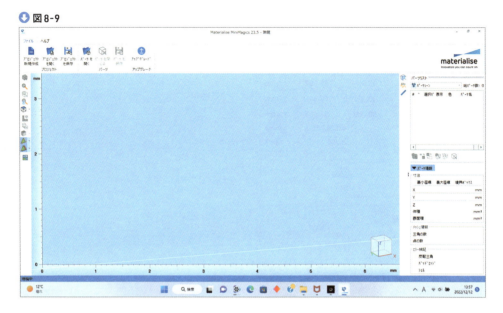

8 4章にて保存したSTLデータファイルを読み込みます。読み込みは左上のパーツを開くをクリックして該当のデータを選びます。

⬇ 図8-10

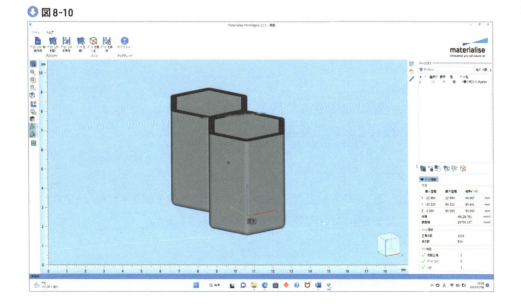

Section 8-1　3Dプリンターとは　277

9 右下のウィンドウにエラー確認の結果が出ているので確認しましょう。エラー確認はデータを読み込むだけで完了するのでとても簡単です。エラー確認の3つの項目、反転三角、バッドエッジ、シェルに緑色のチェックが入っていればエラーはありません。

図8-11

10 赤色のチェックがある場合はエラーがあります。FreeCADにてモデリングのやり直しです。

※最近のスライスソフトはエラーを自動で解消します。いったんはこのまま進みましょう。

3Dデータの3大エラーについて

反転三角

モデルの内面と外面が逆転してしまっている状態のエラーです。エラー部分を削除するまたはソリッド化することで解消します。

バッドエッジ

これは面が閉じていないときに生じるエラーで複雑なモデルを作成したときに出やすいエラーです。モデルを拡大して隙間がないか確認しましょう。

❖ シェル

シェルとは殻のことです。エラーのない状態では1と表示されるのですが、シェルが複数重なっている状態となると2以上の数字が表示されます。造形するためには1つのシェルである必要があります。これが最も多いエラーです

スライスソフトの導入と設定

エラーがないことを確認したらいよいよ最終段階です。造形するために必要な諸情報を設定します。諸情報は印刷時間、積層厚さです。初めてだと難しく感じますがすべて自動で処理してくれます。

まずはソフトの操作を覚えましょう。

※スライスソフトの種類は多岐にわたり、3Dプリンターのメーカー毎で異なります。Bambu Labが無償提供しているBambu Studioを紹介します。

1 Bambu LabのHPより、ソフトウェアをクリックします。

▶ https://bambulab.com/ja-jp

🔽 図8-12

Section 8-1　3Dプリンターとは　279

2 ソフトの紹介ページにアクセスしたらBambu Studioを選択し、該当のOSを確認してインストールファイルをダウンロードします。

⬇ 図8-13

3 ダウンロードしたexeファイルを展開します。

⬇ 図8-14

4 案内に従ってインストールを行います。

⬇ 図8-15

⬇ 図8-16

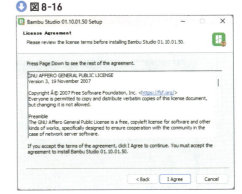

5 インストール完了後、FlashPrint5を起動します。

⬇ 図8-17

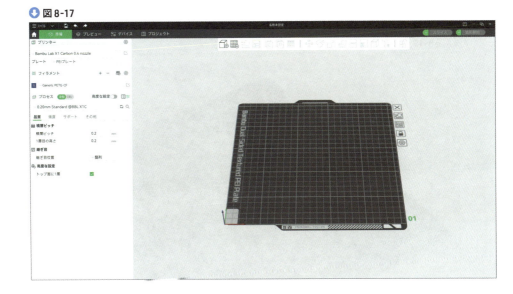

6 4章で作成したデータを読み込みます。メニューバーのロードファイルを選びます。メニューバーのファイルからインポートを選びます。Bambu Studioの画面にドラッグアンドドロップでもデータを読み込むことができます。

◯ 図8-18

7 画面に描かれているプレートの中にモデルが表示されます。このプレートは印刷可能範囲を示しています。

◯ 図8-19

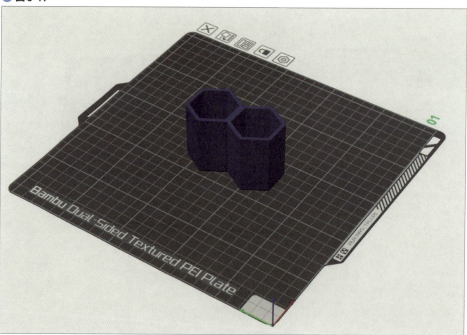

8 上部のスライス実行ボタンをクリックします。

🔽 図8-20

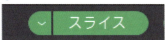

9 自動でスライスが完了し、フィラメントの使用量や造形時間が表示されます。

🔽 図8-21

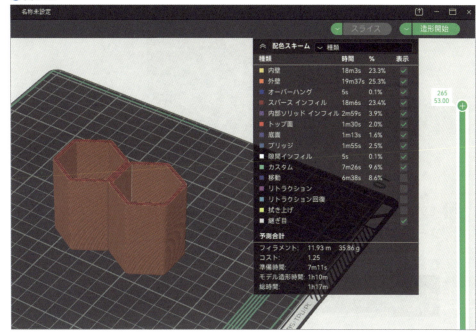

10 画面を回転させると裏面の確認ができます。

🔽 8-22

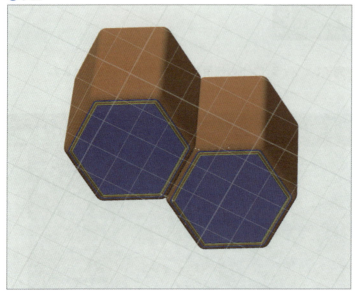

11 モデルを確認して異常がない場合は、このまま造形開始ボタンをクリックすると3Dプリンターでの造形が始まります。

🔽 8-23

⚙ サポート材について

宙に浮くパーツは造形が不可のためサポート材が必要となります。

※図8-25に示した緑色のパーツがサポート材です。この場合はサポートの有効化にチェックを入れます。

⬇ 8-24

⬇ 8-25

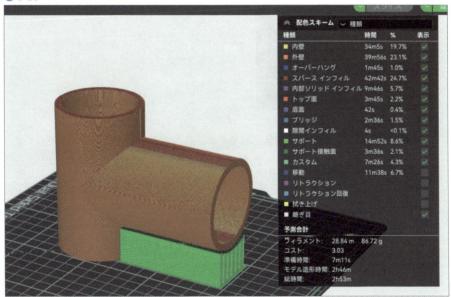

❖ 造形時間について

造形時間について気になりますよね。スライスソフトで目安を知ることができるので参考にしましょう。Bambu Studioではスライスすると同時に造形時間の目安を知ることができます。画面の右側です。

🔽 図8-26

必要なフィラメントの量も表示されるため、造形の途中でフィラメントがなくならないように注意しましょう。フィラメントの量がわかれば積算もできますよね。

⚙ 3Dプリンターの選び方

購入時の注意点

3Dプリンターにはたくさんの種類がありますので、自分に合ったものを購入してみましょう。ここでは積層型3Dプリンターを買うときの注意点を挙げましたので参考にしましょう。それではそれぞれのチェック項目について見ていきましょう。

❖オートキャリブレーション機能

　オートキャリブレーション機能とは、全自動で3Dプリンターの台を上下に設定してくれる機能です。これがない場合は手動での設定です。大変そうですよね。手動でミスをしてしまうと、造形と同時にノズルが台にめり込んで破損するといったことも考えられます。

🔽 図8-27

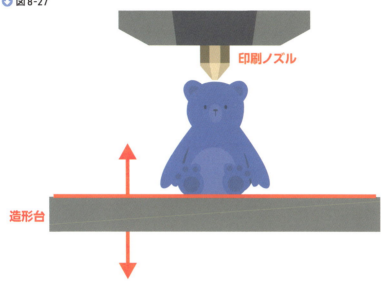

❖プラットフォーム

　プラットフォームとは造形の台のことです。この台ですが大きく分けて硬い材質のものと手で曲げられる柔らかいものがあります。

　造形が完了したら造形物をプラットフォームから剥がす必要があるため柔らかいプラットフォームのほうが簡単にモデルを剥がすことができます。 プラットフォームが固いと造形物と台の隙間にカッターやへらを突き刺して慎重な引きはがし作業が必要となってしまいます。失敗すると造形物が壊れてしまいます。

🔽 図8-28

◈ 組み立て式かどうか

これは個人の趣味によるでしょう。組み立てることが好きな方にはいいと思います。一方で、時間がない方や不得意な方は出来上がった製品を買うようにしましょう。

◈ データの転送方法について

パソコンから3DプリンターにGコードを送る必要があります。データ遅延による造形不良を防ぐため、Wifi以外の転送方法があると望ましいです。

◈ 3Dプリンターのフレームについて

3Dプリンターは、立体を造形するためヘッドが上下左右に絶え間なく動きます。そのため、機械自体がわりと揺れます。

揺れるということは造形に影響を与えてしまいます。そのため、頑丈な箱型の機種が望ましいです。

◈ 説明書の言語について

あまりに安い3Dプリンターの場合、説明書が英語や中国語である場合があります。事前に調べて注意しましょう。説明書が読めないとつらいものがあります。どうしても購入したい場合は、説明動画がYouTubeなどに公開されているものにしましょう。

最近の説明書はインターネットにある機種もあります。そういった場合はGoogle等で機械翻訳してあげれば解決します。

🔽 図8-29

造形サービスの紹介

3Dプリンターを購入する以外にも造形代行サービスがありますので、積極的に活用してみましょう。特に、産業用3Dプリンターでの造形代行は魅力的です。家庭ではなかなかできない金属やプラチナ等を扱っています。

DMM make

DMM makeでは数多くの3Dプリンターを揃えており、造形サービスが充実しています。

▶ https://make.dmm.com/print/

図8-30

RICOH

2Dプリンターやカメラで有名なRICOHでも造形サービスを提供しています。こちらもきめ細やかなサービスが充実しています。

▶ https://www.ricoh.co.jp/3dp/print_service/

◉ 図8-31

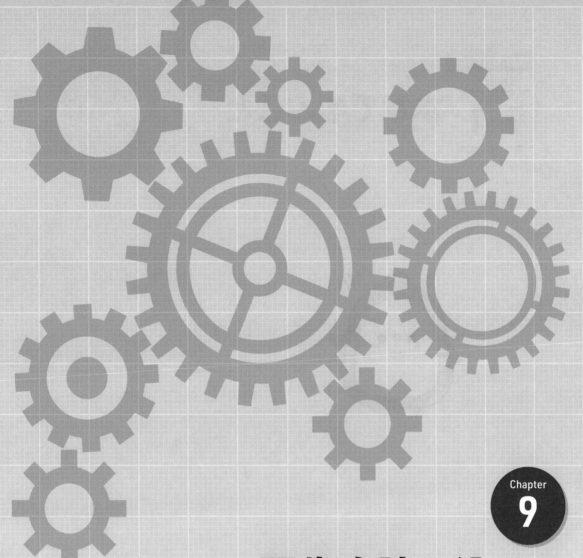

Chapter
9

画像を読み込んでクッキー型枠を作ろう

3DCADと聞くと工業系をイメージしやすいですがそんなことはありません。例えば、FreeCADに自分で描いた絵や写真を読み込むことでこれを立体に変換できます。なんだか楽しそうですよね。

また、意外なところでは料理でしょうか。好きなキャラクターや写真をそのままクッキーの型枠にできたらおもしろそうですよね。本章ではペンギンキャラクターのクッキー型枠を作成してみましょう。

Section 9-1 本章で学ぶこと

▼ 図 9-1

▼ 図 9-2

⬇ 図9-3

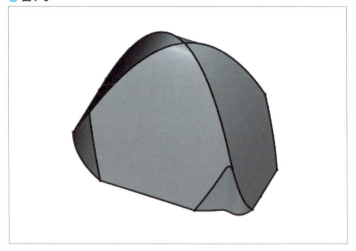

学ぶこと

①画像データをSVG形式に変換するソフト(Inkscape)の使用手順をマスターする。
②svgファイルの加工方法を習得し、データの大きさを整えよう。
③型枠を作るためのくぼみ機能をマスターする。
④FreeCADの機能を利用してくぼみを貫通させるテクニックを学ぶ。
⑤複雑な図形を貫通させるテクニックを学ぶ
⑥下書きデータの修正方法を学ぶ。
⑦FreeCADで下書きデータを重ね合わせる方法を学ぶ。
⑧FreeCADで模様を描いてきれいなチョコレートを作るテクニックを学ぶ。

Section 9-2 画像データをSVG形式に変換する

まずは好きなキャラクターデータを用意しましょう。これが一番です。とりあえず何でもいいという方は前ページのペンギンを使ってください。ホームページ上の無料素材です。

概要

ここにこれから行うことの概要を示します。一般的な画像形式であるpngまたはjpgデータを用意した後、これをInkscapeというフリーソフトを用いてsvg形式にします。svgデータをFreeCADに読み込んで立体化していきます。

FreeCAD上でモデルの拡大縮小が可能なため、画像データの大きさは適当で構いません。

🔽 図9-4

```
┌─────────────────────────┐
│  png または jpg データを用意  │
└─────────────────────────┘
            ↓
┌─────────────────────────┐
│  Inkscape で svg 形式に変換  │
└─────────────────────────┘
            ↓
┌─────────────────────────┐
│  Svg データを FreeCAD に読み込む │
└─────────────────────────┘
            ↓
┌─────────────────────────┐
│     FreeCAD で立体化        │
└─────────────────────────┘
```

jpg.png.svgデータとは

　jpgやpng形式はラスター画像形式で、色のついた大量の正方形であるピクセルを並べたものです。この正方形が小さくて大量にあるほど画質があがります。png形式は、背景を透明で処理できるためデザイナーがよく使用しています。

　svg(Scalable Vector Graphics)形式とはベクター画像形式のフォーマットで、png形式のようなピクセルを用いず数式や直線、曲線を点で表しており、解像度を落とすことなく無限に拡大・縮小ができる形式です。基本的には画質が落ちないため便利な形式です。

🔽 図9-5

ラスター画像　　　　　　ベクター画像

① Inkscape のインストール

公式ホームページにアクセスしてソフトを調べてみましょう。下記にインストール方法からsvg形式データを作る方法を詳しく説明します。

1 公式HPにアクセスします。

▶ https://inkscape.org/ja/

🔽 図9-6

2 上部の「DOWNLOAD」から「Current Version」をクリックします。

🔽 図9-7

3 緑色の矢印をクリックするとダウンロードが始まります。

🔽 図9-8

4 ダウンロードファイルをクリックしインストーラーを起動します。案内画面が出たら「Next」
をクリックします。

🔵 図 9-9

5 インストール先を選択します。基本的にデフォルトで構いません。「Next」をクリックします。

🔵 図 9-10

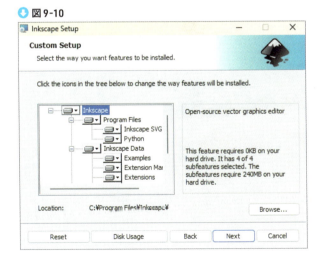

6 「Install」をクリックします。

🔽 図 9-11

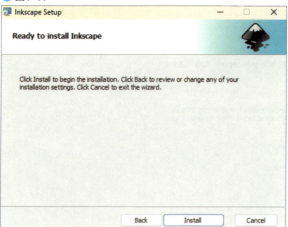

7 インストールが進行します。

🔽 図 9-12

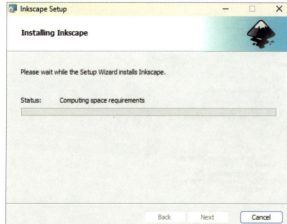

8 インストールが完了したら「Finish」をクリックします。

🔽 図9-13

9 Inkscape を起動します。

🔽 図9-14

Section 9-2　画像データをSVG形式に変換する　299

10 メニューバーのインポートからペンギンの画像を開きます。

※本書のペンギン画像を写真撮影していただき、このデータを読み込みましょう。この時、背景を白色で撮影してください。またはスキャンしましょう。

11 インポートのウィンドウが出てきます。デフォルトのままOKをクリックします。画像のインポート形式は埋め込み、画像DPIはファイルから、画像のレンダリングモードはなしとします。

🔽 図9-15

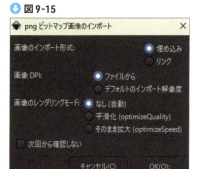

12 画面の中央に画像を寄せます。おおよそで構いません。白色の画面に載るようにします。

🔽 図9-16

13 画像をクリックした後、メニューバーのパスからビットマップのトレースをクリックします。

○ 図9-17

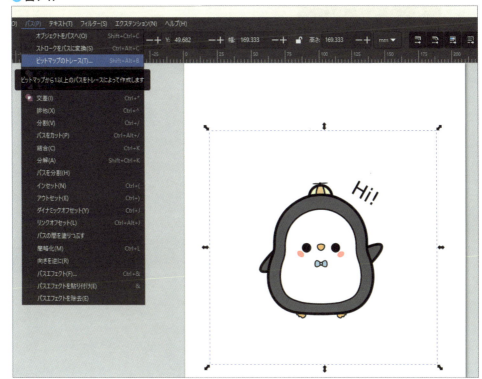

Section 9-2　画像データをSVG形式に変換する　301

14 デフォルト設定のまま適用をクリックします。

🔽 図 9-18

15 適用後はインポートしたjpgデータと変換したsvgデータが重なっています。クリックとドラッグでjpgデータを移動させた後、Deleteキーで消去します。svgデータは黒塗りのデータです。

⬇ 図9-19

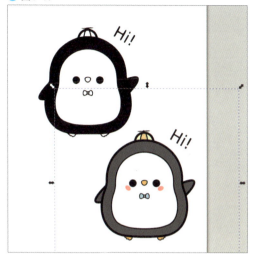

16 svgデータを保存するためドラッグでデータを囲います。

⬇ 図9-20

17 メニューバーの名前を付けて保存をクリックします。拡張子をsvg形式で保存します。この時、FreeCADに読み込んだ際の誤作動を防ぐため、ファイル名は英語としましょう。

18 FreeCADを起動し、svgデータを読み込みます。メニューバーの「インポート」を選択し、該当のデータをクリックします。

図9-21

19 モジュールを「SVG as geometry」とします。

図9-22

20 画面に黒色のペンギンが表示されます。

図9-23

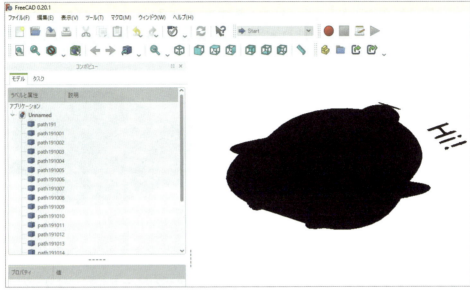

ここまでがInkscapeを使ったjpgをsvgに変換する方法とFreeCADへのインポート方法です。次はsvgファイルの加工方法を学びましょう。

②データの大きさを整える

モデルツリーの中を確認すると大量のデータが読み込まれています。これを1つ1つ扱っていくのはとても煩わしいです。

簡単な取り扱い方法を解説するので、データの大きさを整えましょう。ここで決めた大きさがクッキー型枠の大きさになります。

1 すべてのデータを選択します。適当なデータを1つクリックした後、CTRLキーとAキーを押します。

🔽 図9-24

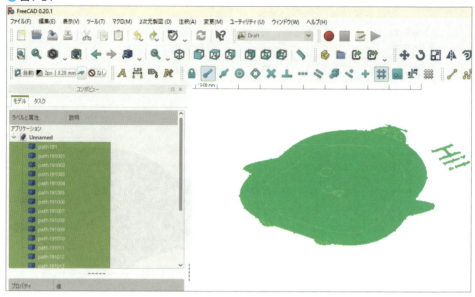

2 プルダウンメニューから「Draft」をクリックし、アップグレードボタンをクリックします。画面右側の上向き青色の矢印ボタンです。

🔽 図9-25

3 データが1つにまとまりCompoundとなります。

🔽 図9-26

4 この状態のままもう一度アップグレードボタンをクリックします。CompoundからUnionにデータの形式が変わります。

🔽 図9-27

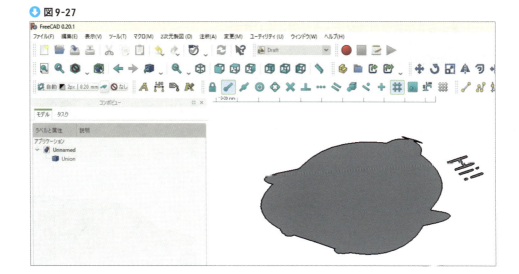

Section 9-2　画像データをSVG形式に変換する　307

5 次はデータをクリックした後、ダウングレードボタンをクリックします。データの形式が Union から Face に変わります。ダウングレードボタンは下向きの青色矢印ボタンです。アップグレードボタンの隣にあります。

⬇ 図9-28

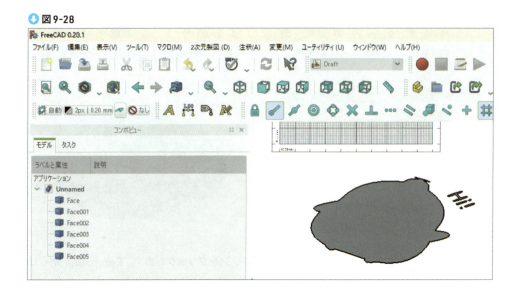

6 最後にもう一度ダウングレードボタンをクリックします。Subtractionとなります。ここまできたら立体化が可能なデータ形式になります。

⬇ 図9-29

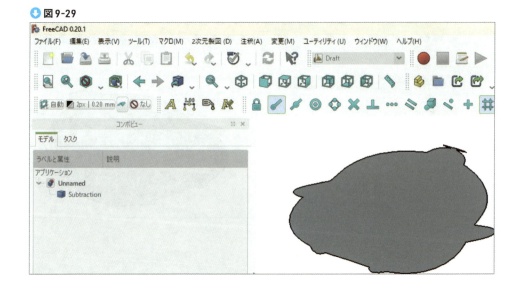

308　Chapter 9　画像を読み込んでクッキー型枠を作ろう

7 データをクリックした後Partへ移動し、「押し出し」を行いましょう。詳しい方法は3章を確認しましょう。押し出しのパラメーターは下記とします。

押し出す方向	カスタム方向Z軸プラス方向　入力値は1
押し出す量	長さの順方向　5mm
ソリッド作成	チェックを入れる。

図9-30

8 ここからは大きさを整えます。プルダウンメニューから「Draft」に戻ります。その後、データをクリックした後に尺度ボタンをクリックします。

図9-31

9 尺度のウィンドウが表示されます。Local △X、Local △Y、Local △Zにゼロと入力し、「点の入力ボタン」をクリックします。

図9-32

Section 9-2　画像データをSVG形式に変換する

10 「クローン作成」にチェックを入れて上部のOKボタンをクリックします。XYZ係数は1のままです。

⬇ 図9-33

11 データツリー上にてExtrude001を選択した後、プロパティのスケールからxを2と入力します。するとX軸方向にのみ2倍となります。等倍したい場合はXYZそれぞれに同じ数字を入力します。半分にする際は0.5と入力します。ドラフトワークベンチに付随している方眼が1マス1mmのため目安にしましょう。方眼については2章以降を確認しましょう。

⬇ 図9-34

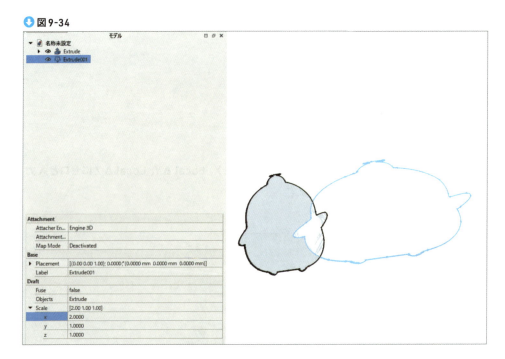

ここまでがsvgファイル形式データのインポートと加工方法、及びデータの大きさを整える尺度のお話でした。次はいよいよ型枠を作るためにくぼみを作る方法をマスターしましょう。

③型枠を作る

　ソリッドを作成してしまえばボタンを1つでソリッドをくぼませることができます。学習していきましょう。ここでいったん学習のためにペンギンではなく立方体を用います。
　作業前に、これまで作成したデータは保存しておきましょう。

1 プルダウンメニューから「Part」をクリックします。そして、立方体アイコンをクリックします。

図9-35

2 次に立方体の上面をクリックします。

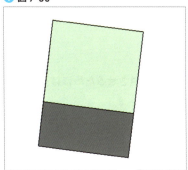

図9-36

3 「厚み適用ユーティリティ」ボタンをクリックします。

図9-37

4 「厚み」ウィンドウにて任意の厚みを入力して上部のOKボタンをクリックするとソリッドがくぼみます。

🔽 図9-38

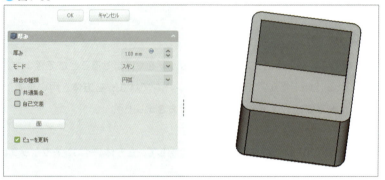

ここまでがソリッドをくぼませるテクニックです。とても簡単ですよね。しかしクッキーの型枠を作るためにはくぼみではなくくりぬく必要があります。次は貫通させるテクニックを学びましょう。

④くぼみを貫通させる

くぼみの次は貫通です。これもいたって簡単なのですぐにわかると思います。
まず適当な立方体を用意しましょう。

1 くぼみを作るためには立方体の上面を選択しました。貫通させるためには上面と下面をクリックしてから厚み適用ユーティリティボタンをクリックします。

🔽 図9-39

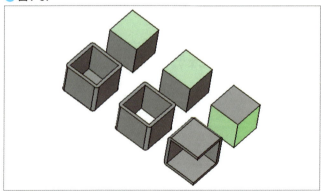

※上面の次に下面をクリックするためには画面を回転させてCTRLキーを押しながら下面をクリックします。CTRLキーを押しながら下面をクリックすることで上面と下面の両方を選択できます。

※上図のように隣り合う側面を選択してから厚み適用を行うと面白い形が出来上がります。試してみてください。

⑤複雑な図形を貫通させる

それではペンギンに話を戻し、くりぬくために厚み適用を試してみましょう。しかし、複雑なモデルの場合はエラーとなってしまいます。そこで、こういった場合に必要なテクニックについて学びましょう。

1 ②で保存したデータを開きます。

図9-40

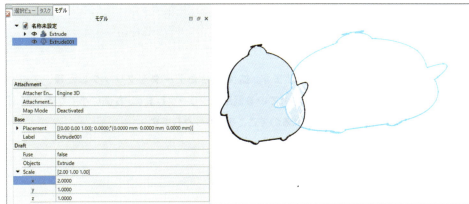

2 「Extrude001」のプロパティを開き、X及びYを1.2と入力しZはそのままとします。

🔽 図9-41

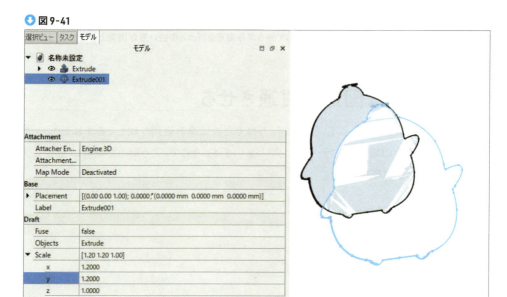

3 次にデータ重心点を合わせます。拡大させたデータをクリックした後、プロパティの「Placement」の値が表示されている個所をクリックします。右側に小さな四角形（「…」）のアイコン「Axis」が表示されるのでここをクリックします。

🔽 図9-42

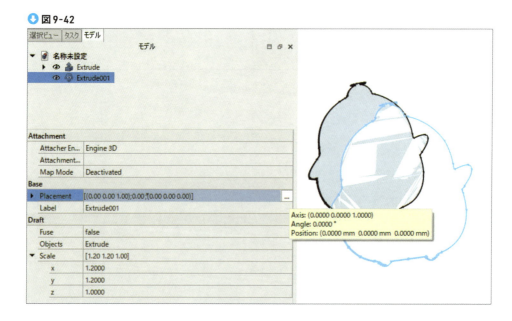

4 配置プロパティが表示されるので、X及びY軸方向にデータを平行移動させます。この時の値は任意です。図のように重心を重ねます。ここでのポイントは外側の大きなモデルの中にコピー前のモデルが隠れるようにします。

⬇ 図 9-43

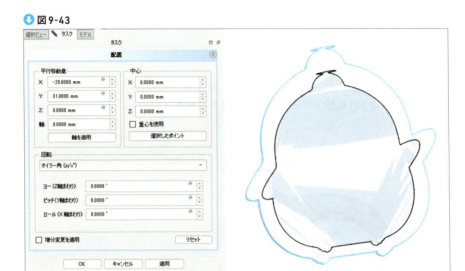

5 プルダウンメニューから「Part」をクリックします。

6 ここでブーリアン演算の減算を行い、コピー元のデータを消去して拡大したデータを残します。そうすることで中が貫通します。まず、拡大したデータ「Extrude001」をクリックした後、CTRLキーを押しながらコピー元のデータ「Extrude」をクリックします。

⬇ 図 9-44

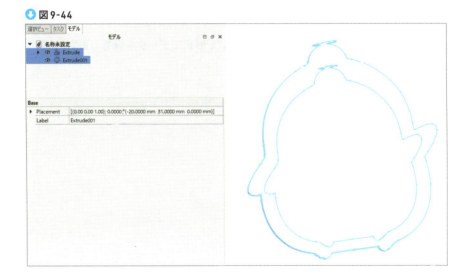

Section 9-2　画像データをSVG形式に変換する　315

7 この状態で切り取りボタンをクリックします。

図9-45

8 自動計算が開始され数秒で中のデータが消去されます。

図9-46

9 完成です。メニューバーのエクスポートからSTL形式でデータを保存します。造形する場合は8章にて方法を確認しましょう。

Section 9-3 きれいな模様のチョコレートを作る

2章で下書きの方法を紹介しましたが、どれも繊細な模様を作るためには向きません。繊細な模様を作るためには寸法を無視した感性と重ね合わせが必要です。下書きのレベルアップを図ってきれいな模様のチョコレートを作成してみましょう。

チョコレートを作る3Dプリンターが家庭向けに発売されていますので造形もできます。

図9-47

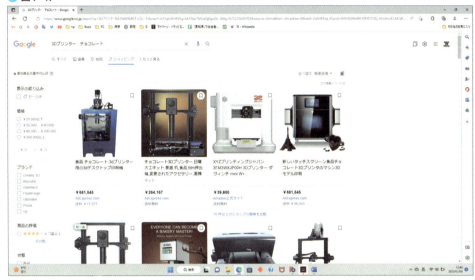

⑥ 下書きデータの修正方法

一筆書きは難しいです。一度描いた線の修正方法を学びましょう。

1 プルダウンメニューから「Draft」をクリックします。
2 B-スプラインを使ってチョコレートの外枠を描いてみましょう。下書きのやり方は1～2章を確認してみましょう。
　※原点を中心として描くように気を付けましょう。

🔽 図9-48

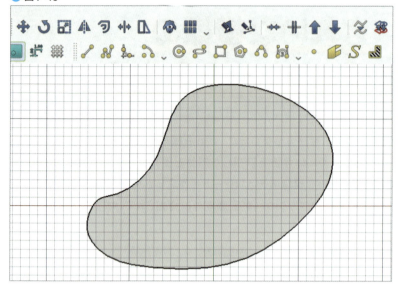

3 修正する場合は「編集」ボタンをクリックします。

🔽 9-49

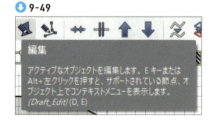

4 続いて編集したいデータをクリックします。赤色の四角形が表示されます。

🔽 図9-50

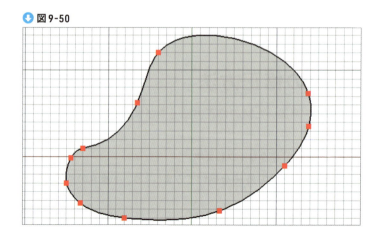

5 赤色の四角形をクリックしこれを任意の点へドラッグします。

⬇ 図9-51

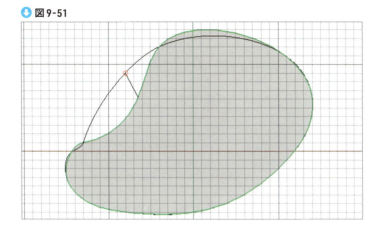

6 クリックで位置を決めると確定されます。編集作業を終える場合はEscキーを押します。

⬇ 図9-52

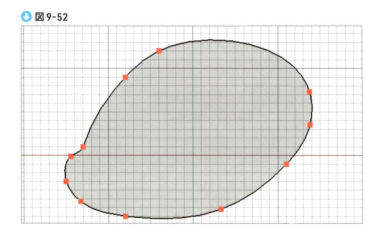

以上が下書きの編集方法です。

⑦下書きデータを重ね合わせる

次は下書きデータの重ね合わせを学びましょう。データを重ね合わせることができれば作図時間の短縮につながります。

1 前項の手順6で作成したデータをコピーします。CTRLキー +Cがコピー、CTRLキー +Vがペーストです。

Section 9-3 きれいな模様のチョコレートを作る 319

🔽 図9-53

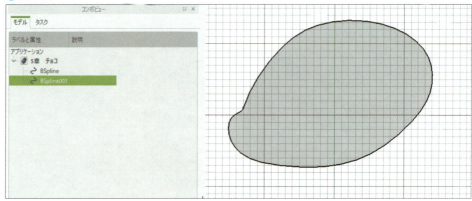

2 プロパティの「Placement」の値をクリックし、右側の小さなAxisアイコンをクリックします。

🔽 図9-54

3 回転のプルダウンメニューを展開してオイラー角にします。そしてZ軸周りに任意の値で回転させ、下図のようにします。回転が完了したら下部のOKボタンをクリックします。

○ 図9-55

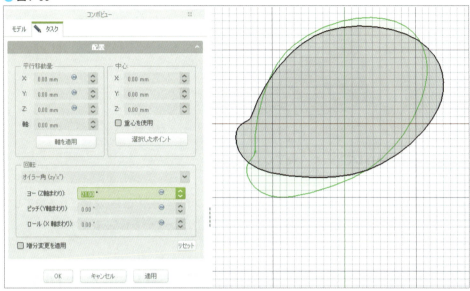

4 CTRLキー＋Aでデータを全選択した後、アップグレードボタンを2回クリックします。

○ 図9-56

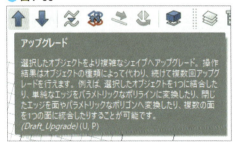

5 Unionデータが出来上がります。これをZ軸プラス方向に押し出して立体にしてみましょう。押し出しの方法はもう大丈夫ですよね。パラメーターは下記とします。

押し出す方向	カスタム方向Z軸プラス方向　入力値は1
押し出す量	長さ順方向　25mm
ソリッド作成	チェックを入れる

Section 9-3　きれいな模様のチョコレートを作る　321

⬇ 図 9-57

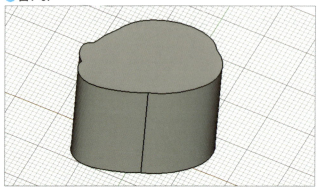

6 データを保存していったん終了します。

　ここまでが下書きの重ね合わせと立体化のテクニックです。次はこれを加工していきます。基本的には手順5で作成したソリッドを削り取っていくイメージです。

⑧ 模様を描いてきれいなチョコレートを作る

　少し複雑な断面を作ることができましたが角ばっていておいしそうではないですよね。角を丸めてきれいな模様をつけていきましょう。

1 ここで学習のために立方体のソリッドを挿入します。プルダウンメニューから「Part」をクリック、立方体アイコンをクリックします。

⬇ 図 9-58

322　Chapter 9　画像を読み込んでクッキー型枠を作ろう

2 続いて立方体の任意の面をクリックします。

○ 図 9-59

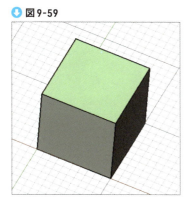

3「フィレット」ボタンをクリックします。

○ 図 9-60

4 フィレットのウィンドウが表示されます。「すべて」ボタンをクリックした後、「半径」に任意の数字を入力します。立方体の1辺が10mmのため5mm以上を入力するとエラーになります。最後に上部のOKボタンをクリックします。

○ 図 9-61

Section 9-3 きれいな模様のチョコレートを作る 323

5 立方体の角が丸くなりました。

図 9-62

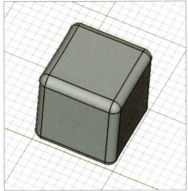

6 フィレットのほかに面取りという機能もあります。

図 9-63

7 フィレットと同様の操作を実行すると面が45度で削り取られます。

図 9-64

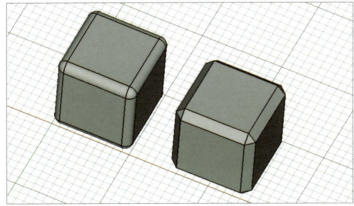

フィレットとは

機械工学の分野で角を丸めるための加工です。単純に部材の手触りをよくするためだけではなく、部材の耐久性を上げるために施される場合もあります。

▼ 図9-65

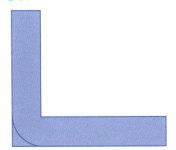

L字の角にフィレットをする

面取りとは

面取りとは、主に建設工学分野にてコンクリート構造物の構築時に用いられます。単純に何かが当たった際の衝撃を和らげるためだけではなく、構造物の耐久性を向上させるために設けられる場合もあります(右図)。

ハンチと呼ばれる斜めの躯体を設けて構造物の耐久性を向上させます(左図)。

▼ 図9-66

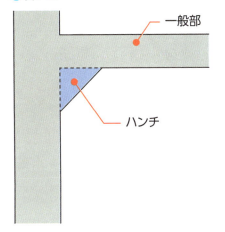

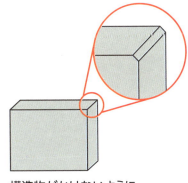

構造物がかけないようにするための面取りの例

8 同様の操作を下図のモデルに適用するとFreeCADの場合はエラーとなります。エッジ同士が連結している鈍角や鋭角の個所で不具合が起きるようです。

🔽 図 9-67

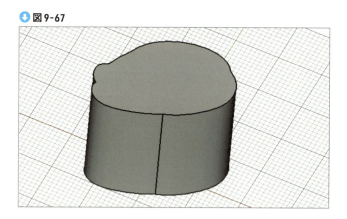

9 このような場合は標準のフィレットと面取り機能は使用せず、モデルを切断していきます。まずは視点を等角投影にしどのようなモデルを作るかイメージしましょう。

🔽 図 9-68

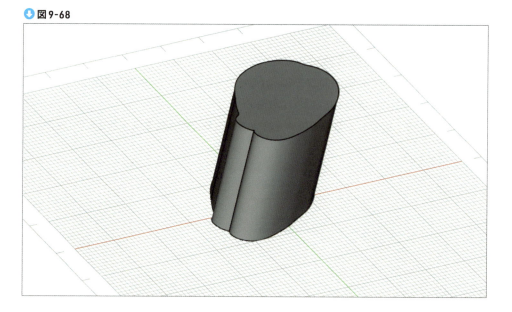

10 天端に座標を移動させます。天端の面をクリックした後、座標ボタンをクリックします。

○ 図9-69

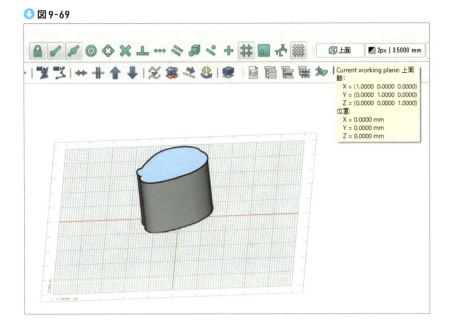

11 天端に座標が移動します。

○ 図9-70

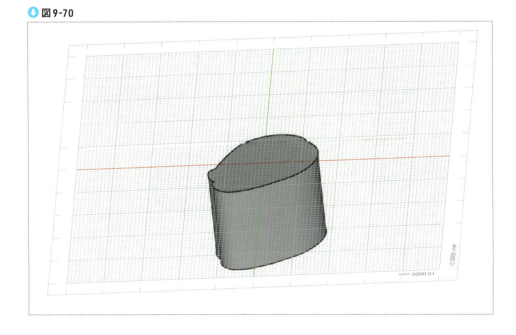

Section 9-3　きれいな模様のチョコレートを作る

12 天端の適当な個所に点を設けます。

 図 9-71

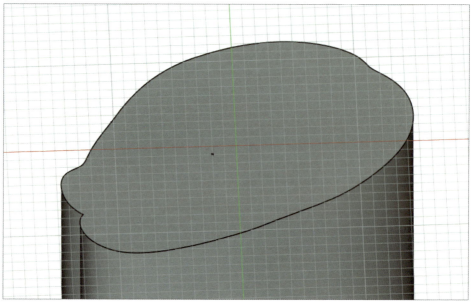

13 座標を元に戻します。右上にてカスタムをクリックした後、上面をクリックします。

 図 9-72

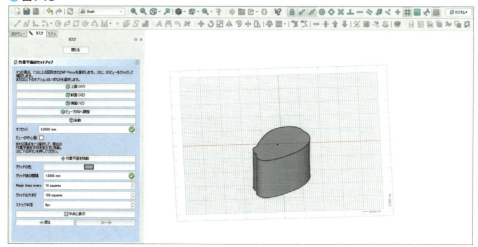

14 スナップ機能のsnap nearをONにします。

⬇ 図9-73

15 B-スプラインにてモデルを囲ってみます。底面のアウトラインを始点とし、2点目を手順12の点、3点目を底面のアウトラインとします。

⬇ 図9-74

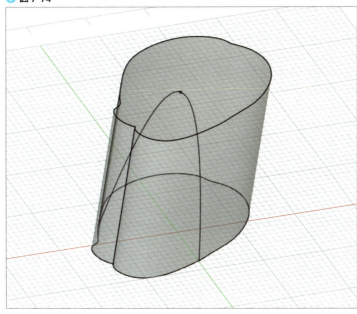

Section 9-3 きれいな模様のチョコレートを作る

16 B-スプラインを押し出すために任意の方向に直線を引きます。

🔽 図 9-75

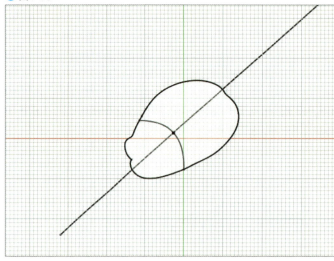

🔽 図 9-76

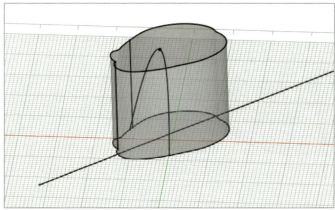

17 B-スプラインを押し出します。パラメーターは以下とします。

⬇ 図 9-77

18 B-スプラインが押し出されます。

⬇ 図 9-78

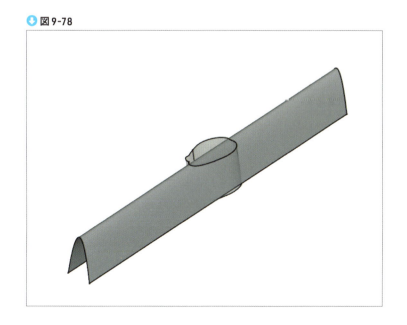

続いて切断作業を行う。本体のデータをクリックした後、CTRLキーを押しながら手順18のデータを選択します。

● 図9-79

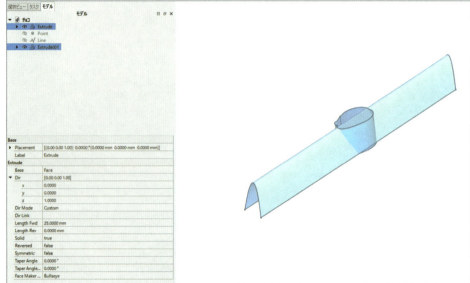

 この状態でスライスボタンをクリックします。

● 図9-80

21 本体に切断面の跡が付きます。

🔽 図 9-81

22 ツリーを展開し、不要な切り落としたいデータをクリックしスペースキーで非表示にします。

🔽 図 9-82

Section 9-3　きれいな模様のチョコレートを作る　333

23 今度はモデルの長手方向に同様の処置を施します。

🔽 図 9-83

24 以上で完成です。チョコレートの作成は任意の線が多く抽象的な表現がありました。少し難しかったでしょうか。彫刻のように大きな立体を作り、面をカッターに見立てて立体をそぎ落とすことで綺麗な形が出来上がります。

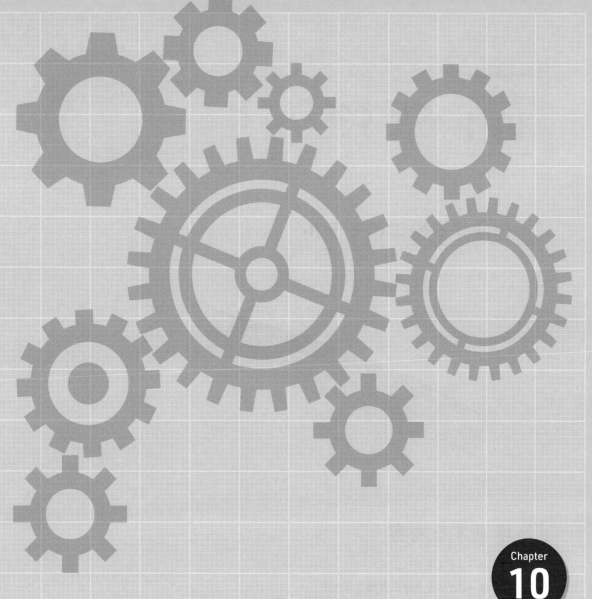

Chapter
10

サーフェスモデリングで船体をデザインしてみよう

本章では曲線と曲面をつなぐサーフェスモデリングに挑戦します。この章をマスターすれば丸み帯びた美しいものを簡単に作れるようになるでしょう。例題として船体のモデルを紹介します。

Section 10-1 本章で学ぶこと

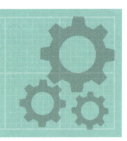

作成する船体のモデル

⬇ 図10-1

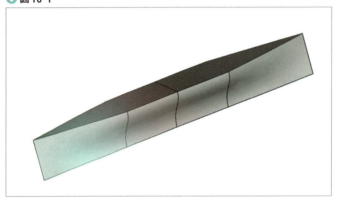

学習する内容

- サーフェスモデリング
- サーフェスを立体に変換する方法

覚えておきたい用語

- エッジ
- ワイヤーフレーム
- サーフェス
- ソリッド
- メッシュ
- シェル

すべての3DCADで出てくる用語なので覚えておきましょう。エッジとは直線のこと、ワイヤーフレームとはエッジがフレーム上になっている状態、サーフェスとは面のこと、ソリッドとは厚み情報が付加されたサーフェスが連続しているデータです。

つまり、3Dプリンターで印刷することができます。それを網目状に分解したデータがメッシュです。

🔽 図10-2

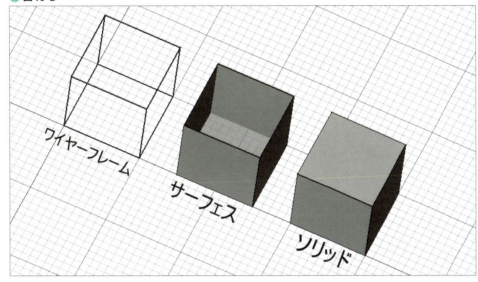

シェルとは

シェルとは殻のことです。サーフェスのデータを組み合わせてサーフェス同士が結合された状態となっています。この殻の中に水を入れれば中身が満たされますよね。3DCADも同じで殻の中に厚み情報を持たせてソリッドにし、3Dプリンターで印刷します。

Section 10-2 曲線を組み立てて船を形作ろう

それでは曲線を描いて船を組み立てていきましょう。

1 プルダウンメニューから「Draft」を選択します。

🔽 図10-3

2 ツールバーの確認をします。ファイルメニューにて右クリックし、以下のツールバーが表示されていることを確認します。ツールバーが右側に隠れている場合は、マウスでつまんで左側にドラッグしましょう。

- ◆ タスク
- ◆ モデル
- ◆ 選択ビュー
- ◆ ファイル
- ◆ 編集
- ◆ クリップボード
- ◆ ワークベンチ
- ◆ ビュー

- ◆ 構造体
- ◆ ヘルプ
- ◆ 基本設計作成ツール
- ◆ 基本設計注釈ツール
- ◆ 基本設計修正ツール
- ◆ 基本設計ユーティリティツール
- ◆ 基本設計スナップ

🔽 図10-4

3 画面に座表面が表示されます。

🔻 図10-5

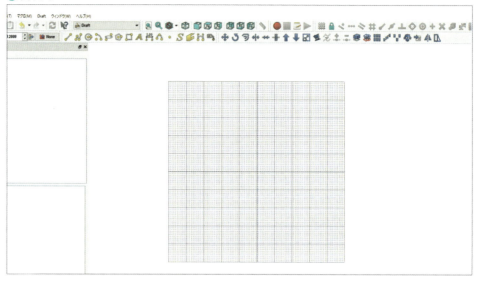

Point

座標面が表示されない場合は「グリッドの表示を切り替え」を選択しましょう。

🔻 図10-6

4 スナップ機能をONにします。まずは南京錠のボタンを選択します。

🔻 図10-7

5 3つの機能をONにしましょう。グリッド、端点と寸法です。ONにすると水色の網がかかります。

🔻 図10-8

Section 10-2　曲線を組み立てて船を形作ろう　339

6 画面を前上から見た状態に固定しましょう。上面ビューに設定を選択します。

　　🔽 図10-9

7 下書きを行います。今回は、船体の断面を描きます。B-スプラインツールを選択します。

　　🔽 図10-10

8 今回の曲線のデザインということもあり、座標や寸法の指定をすることが難しいです。図を参考にして船体の断面を描いてみましょう。船体は左右対称のため、右側のみを描いています。このとき、原点を起点にしてください。

　　🔽 図10-11

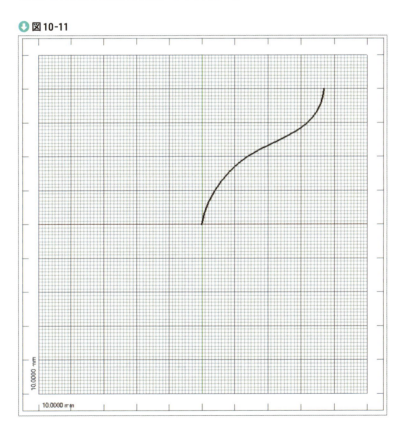

9 手順9では船体の断面積が最も大きい個所を描きました。順次、そのほかの小さな断面も描いていきましょう。最終断面は直線です。

◎ 図10-12

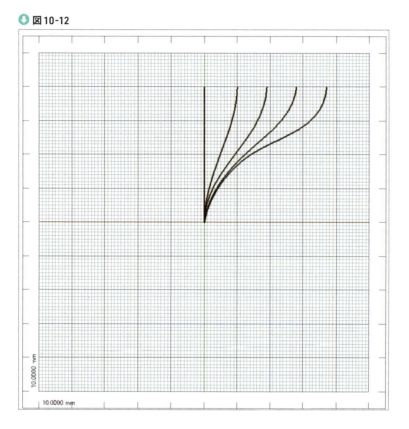

10 画面左側のモデルにてBSplineを選択します。

◎ 図10-13

11 プロパティの「Placement」の値の個所にて左クリックをし、図に示した赤色四角形の個所を選択します。

⬇ 図10-14

12 配置プロパティが表示されます。

⬇ 図10-15

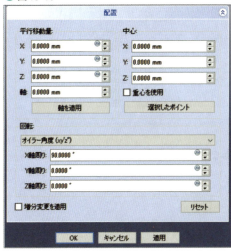

13 回転のメニューから「オイラー角度」を選択し、X軸周りを90°とします。これをすべての曲線及び直線に適用します。

⬇ 図10-16

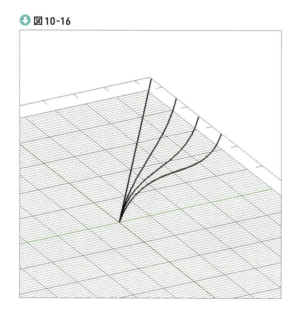

14 それぞれの断面を平行移動させて均等に並べます。配置プロパティの平行移動、Y軸方向を使用します。

⬇ 図10-17

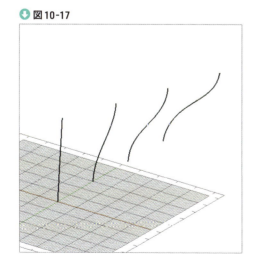

⬇ 図10-18

Section 10-3 サーフェスデザイン機能を使ってみよう

1 下書きが完了しました。ここからサーフェス機能を使用します。プルダウンメニューから「Surface」を選択します。

⬇ 図10-19

2 サーフェス機能のアイコンがあります。

⬇ 図10-20

3 今回は左から3つ目のトンネル機能を使用します。

⬇ 図10-21

4 プロパティが表示されます。

○ 図10-22

5 「Add Edge」ボタンを選択します。その後、手前の断面から奥に向かって直線および曲線を選択すると自動的にサーフェスが生成されます。OKボタンを選択すると終了します。

○ 図10-23

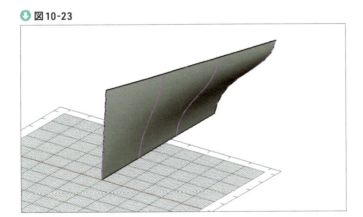

6 ミラーリング機能にて左右対称のモデルを作ります。

○ 図10-24

7 断面を追加して船体を伸ばしましょう。

🔽 図10-25

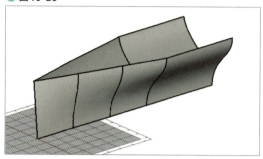

8 ここから船体をサーフェスで閉じていきます。プルダウンメニューからSurfaceを選択し、次のアイコンを選択します。

🔽 図10-26

9 プロパティが表示されます。

🔽 図10-27

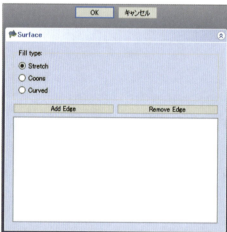

10 Stretchにチェックをし、「Add Edge」ボタンを選択します。次に、最奥部の船体のエッジを2本選択します。自動的にサーフェスが生成されます。最後にOKボタンを選択します。

🔽 図10-28

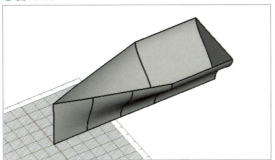

11 同様の作業にて甲板を閉じます。このときは一筆書きでサーフェスを作ることができるため、以下のアイコンを使用。

🔽 図10-29

12 「Add Edge」ボタンを選択した後、時計回りまたは反時計回りにエッジをします。

🔽 図10-30

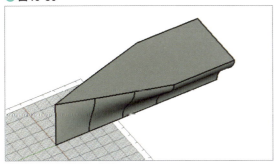

ここで1つ大きな問題があります。サーフェスを組み立てただけなので、中が空洞であるということです。そのため、このままでは3Dプリンターで印刷できません。

そこで、次にサーフェスデータをソリッドデータに変換する方法を紹介します。ソリッドに変換することができれば3Dプリンターで印刷ができます。

Section 10-4 サーフェスデータを印刷できるデータに変換してみよう

サーフェスデータをソリッドデータに変換してみましょう。以下が手順です。

1 プルダウンメニューから「Part」を選択します。

2 高度な図形作成ユーティリティを選択します。

🔽 図10-31

3 プロパティが表示されます。シェイプ作成の項目から面からシェルへと形状を高精度化にチェックをし、全ての面を選択した後に作成ボタンをクリックします。

🔽 図10-32

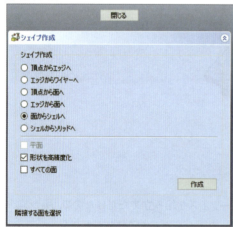

4 シェルデータが生成されます。モデルの中を確認しましょう。

● 図 10-33

5 ここで、Shell 以外のデータは不要ですので非表示とします。データを選択してスペースキーを押すと非表示となります。

6 今度はシェルからソリッドに変換します。再度、高度な図形作成ユーティリティを選択します。

● 図 10-34

7 プロパティが表示されます。シェルからソリッドへと形状を高精度化にチェックを入れます。

● 図 10-35

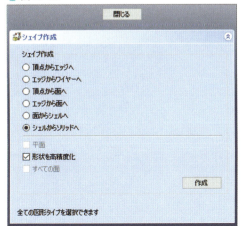

Section 10-4　サーフェスデータを印刷できるデータに変換してみよう　349

8 変換するデータを選択していないため、エラーメッセージが出ます。OKで閉じます。

● 図10-36

9 手順7の作業を行い、モデルタブに戻ります。

● 図10-37

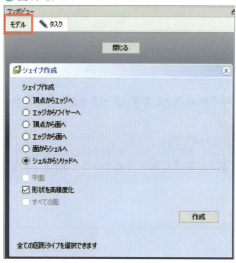

10 モデルにて「Shell」を選択します。その後、タスクに戻り作成ボタンをクリックします。

● 図10-38

11 シェイプ作成プロパティにて作成ボタンを選択すると、Solidデータが生成されます。このデータをミラーリングすれば船の後方がコピーされます。船体の完成です。

◯ 図10-39

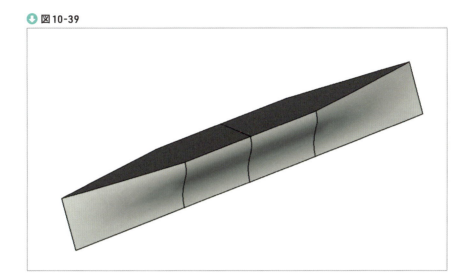

12 データが完成しました。データをエクスポートして3Dプリンターに読み込むと印刷ができます。印刷する場合にスライスソフトを使うのですが、そのときにデータを大きくしたり小さくできるため、とても便利です。詳しくは最終章にて紹介しているので確認してみましょう。

まずはデータをエクスポートします。印刷したいデータを選択した後、ファイルメニューのファイルからエクスポートを選択します。適当なファイル名を入力し、ファイルの種類をSTL Meshとして保存します。ファイル名はエラーを避けるため、英語が望ましいです。STL Meshとは一般的な3Dデータの形式です。

◯ 図10-40

FreeCADの情報はWikipediaにまとめられています。シップワークベンチの詳しい情報はこちらを参照してください。

▶ https://wiki.freecad.org/Ship_Workbench

🔽 図10-41

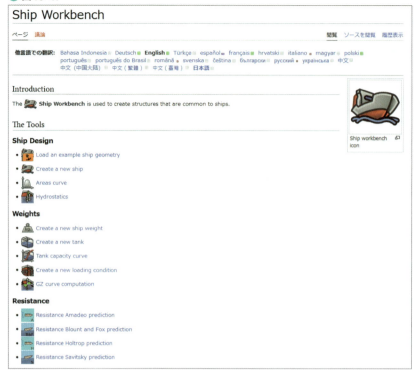

チュートリアルもあります。

▶ https://wiki.freecad.org/FreeCAD-Ship_s60_tutorial

🔽 図10-42

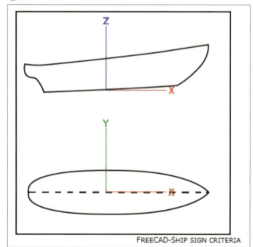

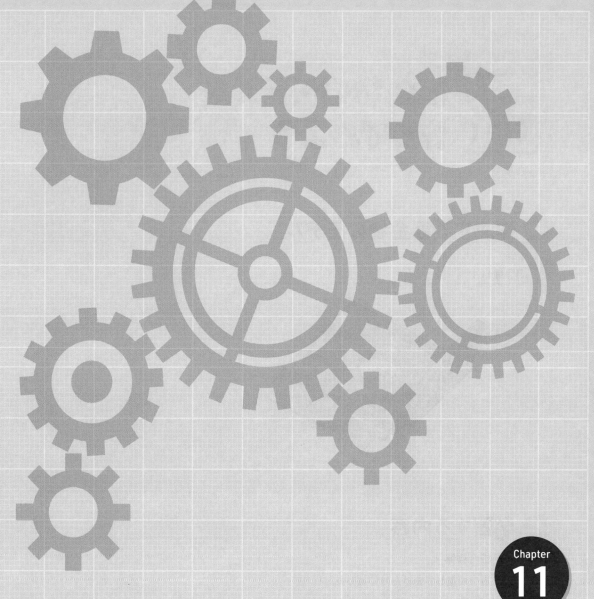

Chapter
11

機械系の部品を作ってみよう

本章では3DCADで板金作業やギア、ボルトの作成など、機械系の部品作りに挑戦してみましょう。そして、デザインしたモデルは3Dプリンターで印刷することができます。

Section 11-1 板金物のモデルを作ってみよう

作成する板金物のモデル

🔽 図 11-1

学習する内容

- 板金作業
- 板を用意して曲げたり伸ばしたりします。

覚えておきたい内容

- 板金

　板金とは薄く平らに伸ばした金属のことです。これらの材料をプレス機等で切断、穴あけ等の加工をします。

Section 11-2 板金のプログラムをインストールしてみよう

それではFreeCADで板金作業をするために追加のプログラムをインストールしてみましょう。以下が詳しい手順です。

1 FreeCADのツールから「拡張機能の管理」を選択します。初回起動時にメッセージが出てきます。そのままOKをクリックします。

⬇ 図11-2

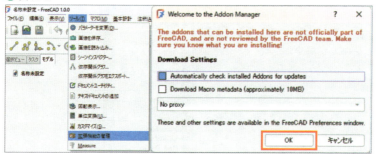

2 アドオンマネージャーから「Sheet Metal Workbench」を選択します。

⬇ 図11-3

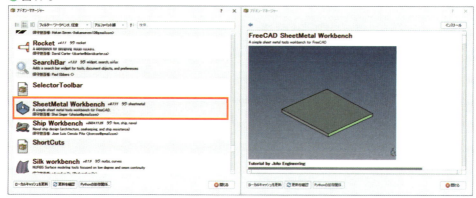

3 上部のインストールボタンを選択するとインストールが開始されます。

4 インストール完了後、FreeCADを再起動します。インストール完了です。

Section 11-3 板金作業に挑戦

それでは板金作業を開始しましょう。まずはじめに、Partワークベンチから薄い金属の板のような立体を作ります。

1 プルダウンメニューから「Part」を選択します。

◉ 図11-4

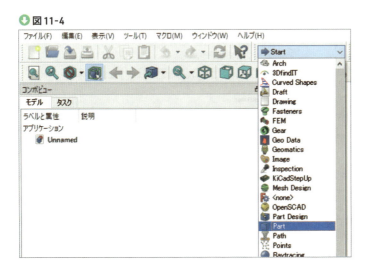

2 立方体作成ボタンを選択します。

◉ 図11-5

3 画面に立方体が表示されます。

⬇ 図11-6

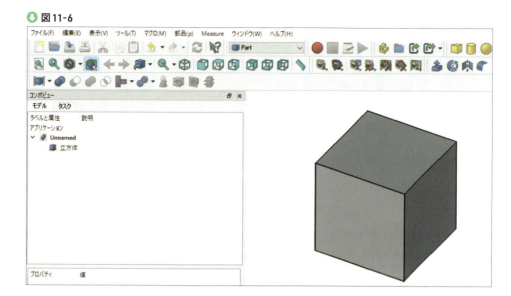

4 立方体のプロパティを開いて大きさを調整します。「Length」を100mm、「Width」を100mm、「Height」を5mmとします。

⬇ 図11-7

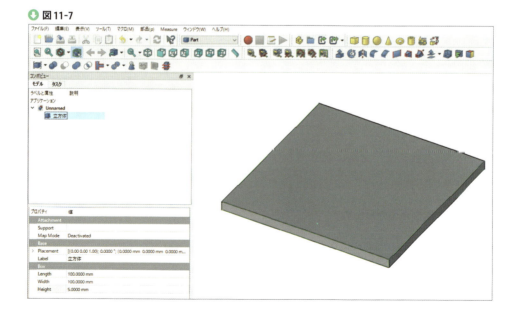

Section 11-3 板金作業に挑戦 357

5 ここで追加のプログラムを使用します。プルダウンメニューから「Sheet metal」を選択します。

● 図11-8

6 板金モデルの側面の上線をクリックします。

● 図11-9

7 曲げボタンを選択します。

● 図11-10

8 板の側面が曲がります。

○ 図 11-11

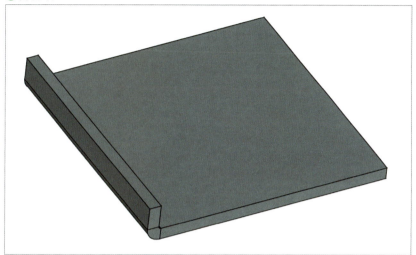

9 曲げの具合を調整することができます。

○ 図 11-12

Section 11-3 板金作業に挑戦 **359**

10 値を入力してみましょう。曲げの具合が変化します。「angle」を80°、「length」を50mm、「radius」を10mmとします。

● 図11-13

11 次は溝を作りましょう。タブOffsetsを開きます。Gap Aを10mm、GapBを10mm、Relief Cuts Widthを5mm、Depthを50mmとします。最後にOKをクリックします。

● 図11-14

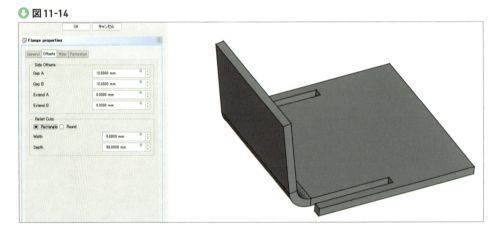

12 次は、板を薄くするためにモデルのエッジを選択します。

🔽 図11-15

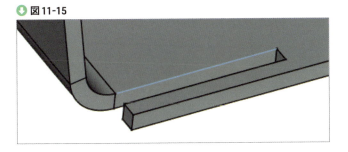

13 削り取りボタンを選択します。

🔽 図11-16

14 Widthを3mmとしOKをクリックします。溝の個所が薄くなりました。

🔽 図11-17

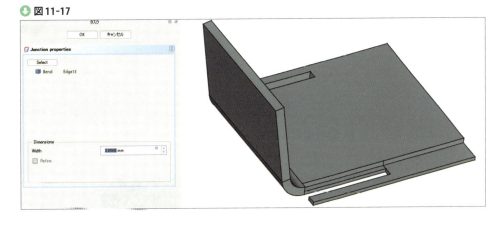

15 次は角にくぼみを作ります。角の点を選択します。

🔽 図11-18

Section 11-3　板金作業に挑戦　361

16 くぼみボタンを選択します。

🔽 図11-19

17 くぼみが作られました。

🔽 図11-20

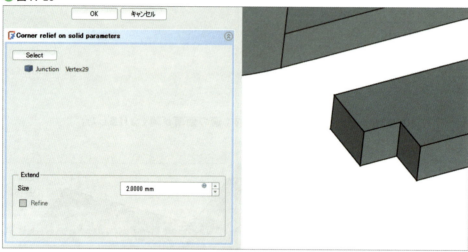

18 次は面を伸ばします。図の側面を選択しましょう。

🔽 図11-21

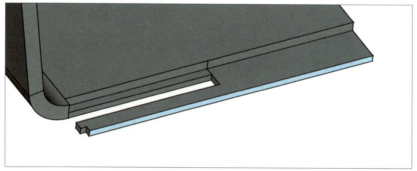

19 伸びるボタンを選択します。

⬇ 図11-22

20 選択した側面が伸びます。

⬇ 図11-23

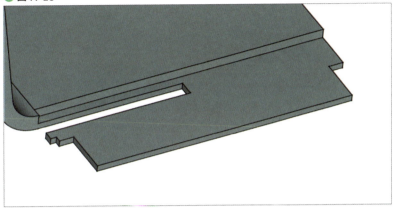

21 Lengthを15mm、OffsetAを5mm、OffsetBを5mmとします。

⬇ 図11-24

Section 11-3 板金作業に挑戦 363

22 次は角を丸めます。プルダウンメニューから「Part」を選択します。丸めたい箇所のエッジを選択します。

⬇ 図11-25

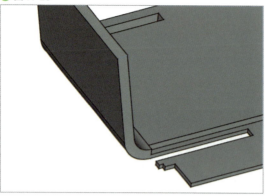

23 フィレットボタンを選択します。

⬇ 図11-26

24 フィレットのプロパティが表示されます。半径を30mmとしてOKを押します。

⬇ 図11-27

25 角が丸まりました。

🔽 図11-28

26 次は穴あけに挑戦です。プルダウンメニューから「Part」を選択し、円柱のアイコンを選択します。

🔽 図11-29

27 円柱が表示されます。

🔽 図11-30

円柱の大きさを変えてみましょう。プロパティの値を入力します。「Radius」を15mm、「Height」を40mm、「角度」を270°とします。

● 図11-31

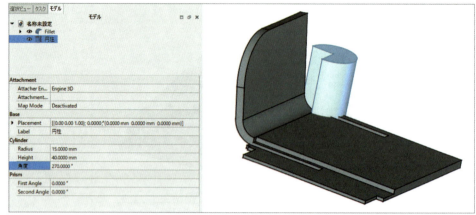

 円柱の大きさを変えたら次は位置を調整します。プロパティの「Placement」の値を選択し、図の赤色で囲んだ箇所のアイコンを選択します。

● 図11-32

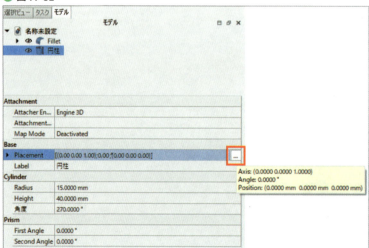

30 配置プロパティが表示されます。ここでモデルを移動させます。任意の位置に円柱を配置しプレートを貫通するような形で配置します。

🔽 図 11-33

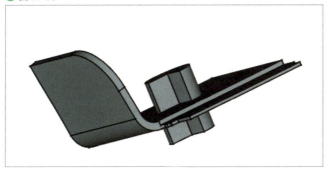

31 穴あけの準備が整いました。板金データを選択した後、CTRLキーを押しながら円柱のデータを選択します。macユーザーの方はコマンドキーです。両方とも選択されると緑色の箱に囲まれます。

🔽 図 11-34

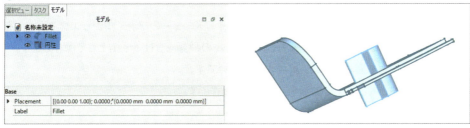

32 減算ボタンを選択します。

🔽 図 11-35

33 穴あけの完了です。

⬇ 図11-36

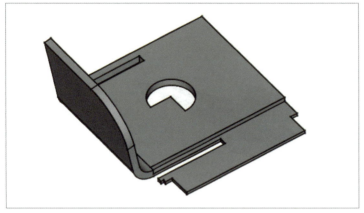

34 データが完成しました。データをエクスポートして3Dプリンターに読み込むと印刷ができます。造形の方法は8章を確認しましょう。

まずはデータをエクスポートします。
印刷したいデータを選択した後、ファイルメニューのファイルからエクスポートを選択します。適当なファイル名を入力し、ファイルの種類をSTL Meshとして保存します。ファイル名はエラーを避けるため、英語が望ましいです。
STL Meshとは一般的な3Dデータの形式です。

⬇ 図11-37

Section 11-4 ギアやボルトを作ってみよう

次は誰でも簡単にギアやボルトを作る方法を紹介します。難しい設定は必要なく、外部のプログラムを利用すればクリック1つで作ることができます。早速試してみましょう。

作成するギアのモデル

図11-38

作成するボルトのモデル

🔽 図11-39

作成するねじが切られたソケットピン

🔽 図11-40

学習する内容

- ◆ 外部プログラムの設定方法
- ◆ ギアの作り方
- ◆ ボルトの作り方
- ◆ ISOとは
- ◆ 物体にねじを切る方法

覚えておきたい用語

ISO

ISOは、International Organization for Standardizationの略で、国際標準化機構です。つまり、各国の国家標準化団体で構成される非政府組織です。目的は、それぞれの国で異なる規格をまとめて相互扶助をすることにあります。例えば、約2万種類ものISO規格は工業製品・技術・食品安全・農業・医療などの幅広い分野を網羅しており世界貿易の発展に付与しています。

図11-41

FreeCADにて作成できるギア

これから紹介するギアはFreeCADで作り、3Dプリンターにて印刷できます。どんなギアがあるのか見ていきましょう。

インボリュートギア

レオンハルト・オイラーによって発案された機械製品で最もよく使われるギアです。

図11-42

サイクロイドギア

　インボリュートギアとは似ていますが、特殊な用途に使用します。時計です。ギアはエピサイクロイドおよびハイポサイクロイド曲線に基づいて構成されており、それぞれ別の円の外側と内側を回転する円によって生成されます。

🔽 図11-43

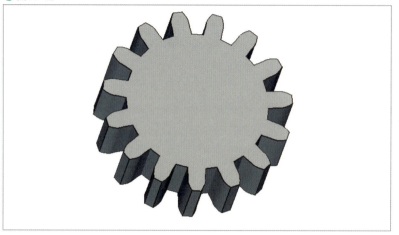

ベベルギア

　日本語で傘歯車と呼ばれており、傘のような形をしたギアです。2つのシャフトが交差しているときに用いる特殊なギアです。交差の角度は90度に限らず、他の角度でも設計できます。

⬇ 図11-44

クラウンギア

日本語で冠歯車と呼ばれており、王冠の形をしたギアです。こちらもベベルギアと同様で、2軸が交わるときに用います。例えば、速度比の大きなミニ四駆のシャフトなどに取り付けられています。

⬇ 図11-45

ウォームギア

ねじ上のギアです。ウォームギアとウォームホイールを組み合わせることで回転することができます。FreeCADでは残念ながらウォームホイールを簡単に作ることは現段階ではできません。

◯ 図11-46

その他にもタイミングギアやランタンギアなど、特殊なギアを作ることができます。いろいろと挑戦してみましょう。本書では、ベベルギアについて詳しく紹介します。

メートルねじ

世界的に使われているISOが基準のねじです。

インチねじ

日本でかつて使われていたねじです。現在は主に航空機など、限られた分野でのみ使用されています。

ボルトの各部の名称

ボルトには大きく分けて3種類のパーツがあります。頭部、円筒部、ねじ部です。頭部の種類にはプラス、マイナス、六角形など、多岐にわたります。

⬇ 図11-47

締め付け力が強いほうのボルト

　ここで1つ紹介です。ボルトには円筒部があるものとないものとがあります。どちらのほうが締め付け力が強いでしょうか。答えは、左の円筒部があるほうのボルトです。円筒部はボルトを差し込んだ物体を手前に引き寄せる働きをしてくれるため、強固に固定できます。

⬇ 図11-48

Section 11-4　ギアやボルトを作ってみよう　375

Section 11-5 ギア専門のプログラムからベベルギアを作ろう

　ベベルギアとは傘状のギアで、FreeCADではアイコンを1つ選択するだけでベベルギアを作ることができます。私たちが行うのはギアの大きさや歯の数を変更する調整のみとなります。それでは早速、ギア専門のプログラムをパソコンに取り込んでみましょう。

1 ギア専門のワークベンチを検索します。
ファイルメニューのツールから拡張機能の管理をクリックします。

⬇ 図11-49

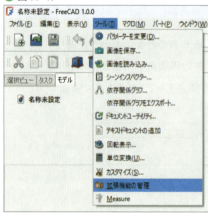

2 アドオンマネージャーが起動します。下へスクロールしてfreecad.gears workbenchを選択します。

🔽 図11-50

3 上部に位置するインストール/更新するボタンを選択するとインストールが始まります。インストール完了後、FreeCADを再起動します。

4 プルダウンメニューからGearを選択します。

🔽 図11-51

Section 11-5 ギア専門のプログラムからベベルギアを作ろう 377

5 アイコンが表示されます。

🔽 図11-52

6 ベベルギアを作るため、以下のアイコンを選択します。

🔽 図11-53

7 ギアが画面に表示されます。

🔽 図11-54

8 大きさや歯の数を変更するため、ツリー上に作成されたベベルギアのデータをクリックします。

🔽 図11-55

9 プロパティが表示されます。こちらにて歯車の数や大きさを調整します。

⬇ 図11-56

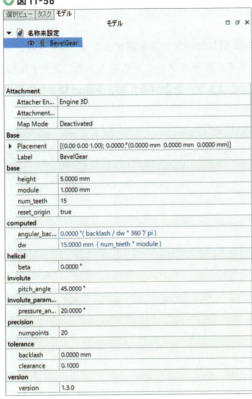

[10] ギアに穴を設ける場合は適当な立体を用意し減算です。六角柱を用意するとこのような穴を設けることができます。

⬇ 図11-57

Section 11-5　ギア専門のプログラムからベベルギアを作ろう　379

11 データが完成しました。データをエクスポートして3Dプリンターに読み込むと印刷ができます。詳しくは最終章を確認しましょう。

まずはデータをエクスポートします。印刷したいデータを選択した後、ファイルメニューのファイルからエクスポートを選択します。適当なファイル名を入力し、ファイルの種類をSTL Meshとして保存します。ファイル名はエラーを避けるため、英語が望ましいです。

⬇ 図11-58

Section 11-6 ボルト専門のプログラムから ISO ボルトを作ろう

　FreeCADに追加のプログラムを追加することでボルトを作成することができます。作り方はとても簡単でボルトのアイコンをクリックするのみとなります。私たちが必要なのはボルトのサイズや種類、規格を決めてあげることだけです。それでは実際に作ってみましょう。

1 ギアと同様に、ファイルのツールから拡張機能の管理を起動してfastenersをダウンロードします。

⬇ 図11-59

2 FreeCADをいったん閉じて再起動します。

3 プルダウンメニューからfastenersを選択します。

🔽 図 11-60

4 ボルトやワッシャー、ナットのアイコンが表示されます。

🔽 図 11-61

Point

ボルトワッシャー、ナットのアイコンがたくさん出てきました。それぞれは全て別物です。大きく分けると、黄色がメートルねじ、水色がインチねじです。

5 それではボルトを作ります。アイコンの中から ISO 7045 Pan head screws type H cross recess を探して選択します。

🔽 図 11-62

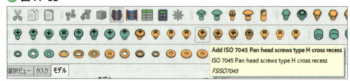

6 モデルツリーに M6 × 8-Screw が表示されます。

🔽 図11-63

7 モデルツリーのM6×8-Screwを選択するとプロパティが表示されます。

🔽 図11-64

プロパティ	値
Base	
> Placement	[(0.00 0.00 1.00); 0.0000 °; (0.0000 mm 0.0000 mm 0.0000...
Label	M6x8-Screw
Parameters	
diameter	M6
invert	false
length	8
length Custom	8.0000 mm
match Outer	false
offset	0.0000 mm
thread	false
type	ISO7045

8 ボルトにねじを切るため、プロパティの中にあるthreadの項目をfalseからtrueにしましょう。そうすることで、ねじが切られます。

🔽 図11-65

9 次はボルトのサイズと長さを大きくします。下記のパラメーターを入力します。プロパティの中から探しましょう。

diameter	M10
length	50

Section 11-6　ボルト専門のプログラムからISOボルトを作ろう　383

10 ボルトが自動で大きくなります。

🔽 図11-66

11 プロパティの中からtypeを選択すると、各種規定を選択できます。このボルトでは「ASMEB」「DIN」「ES」「ISO」が用意されています。

ASMEB	アメリカ機械学会規格（末尾のBは規格集の種類を示します）
DIN	ドイツ工業規格
EN	欧州規格
ISO	国際規格
GOST	ロシア規格

ちなみに日本はJISになります。

12 データが完成しました。データをエクスポートして3Dプリンターに読み込むと印刷ができます。

　データをエクスポートします。印刷したいデータを選択した後、ファイルメニューのファイルからエクスポートを選択します。適当なファイル名を入力し、ファイルの種類をSTL Meshとして保存します。ファイル名はエラーを避けるため、英語が望ましいです。
　STL Meshとは一般的な3Dデータの形式です。

🔽 図11-67

　ボルトのほかにもワッシャーやナットが用意されており、全ねじも可能です。いろいろ試してみましょう。次は、あらかじめ作成した物体にねじをつける方法を紹介します。

Section 11-7 5章で作成したピンにねじを切ろう

ボルトを作ることができたら次はめねじを作ってみましょう。一般的なボルトは尖っていますが、めねじはへこんでいます。3章にて紹介したソケットピンにねじを切っていきます。

1 3章のソケットピンを作成しましょう。

⬇ 図11-68

2 ボルトのアイコンの中から「Add arbitrary length threaded rod object」を選びます。

⬇ 図11-69

3 ソケットピンの下にボルトが表示されます。

⬇ 図11-70

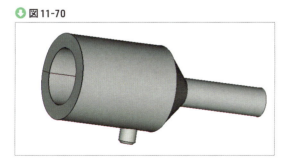

4 ボルトの大きさと長さを調節し、ねじを切ります。パラメーターを以下とします。

dia,eter	M24
length	50mm
thread	true

5 自動でボルトが大きくなります。

🔽 図11-71

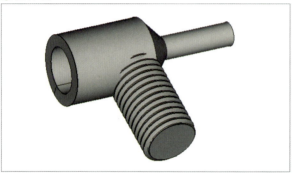

6 作成したボルトをソケットピンの中に差し込みます。まずは、モデルツリーの中に表示されている「M24×50」を選択し、プロパティを表示します。

🔽 図11-72

プロパティ	値
Base	
> Placement	[(0.00 1.00 0.00); 90.0000 °; (-24.0000 mm 0.0000 mm 0.0...
Label	M24x50.0-ThreadedRod
Parameters	
diameter	M24
invert	false
length	50.0000 mm
match Outer	false
offset	0.0000 mm
thread	true

386　Chapter 11　機械系の部品を作ってみよう

7 プロパティの「Placement」と書かれた文字の上で左クリックします。そうすると、右側に小さな点のアイコンが表示されます。

🔽 図11-73

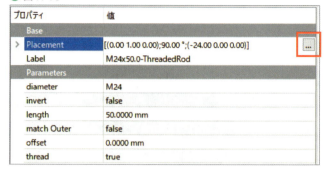

8 小さな点を選択すると配置プロパティが表示されます。

🔽 図11-74

9️⃣ 「回転」を「オイラー角(XYZ)」とし、ピッチ回転を90°にします。次に、「平行移動量」のX軸を5mmとします。X方向の数字を調節することで差し込む量が変わります。

🔽 図11-75

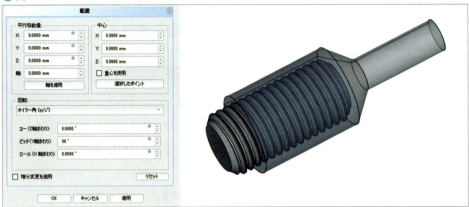

🔟 ここまでできたらブーリアン演算の減算を実行します。ソケットピンのデータを選択した後、CTRLキーを押しながらボルトのデータを選択します。macユーザーの方はコマンドキーです。

1️⃣1️⃣ プルダウンメニューから「Part」を選択します。

🔽 図11-76

388　Chapter 11　機械系の部品を作ってみよう

12 ブーリアン演算の減算ボタンを選択します。

● 図11-77

13 ボルトが消去され、ソケットピンと重なっていた箇所が削られることでねじが切られます。

● 図11-78

14 データが完成しました。データをエクスポートして3Dプリンターに読み込むと印刷ができます。

　データをエクスポートします。印刷したいデータを選択した後、ファイルメニューのファイルからエクスポートを選択します。適当なファイル名を入力し、ファイルの種類をSTL Meshとして保存します。ファイル名はエラーを避けるため、英語が望ましいです。

● 図11-79

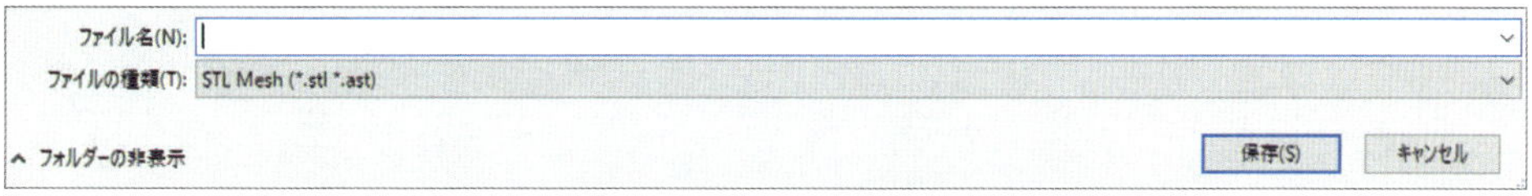

　操作を完了できましたか。ブーリアン演算の減算機能を使えばいろいろな物体を削ることができます。FreeCADをマスターしてさまざまな機械部品の設計に挑戦してみましょう。

> **Point**
>
> ネジはピッタリですと閉まりません。ネジとナットの隙間は0.1〜0.5mm程設けるのがよいです。3Dプリンターの精度によりますので、調整してください。
>
> 図11-80
>
>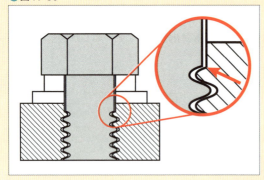

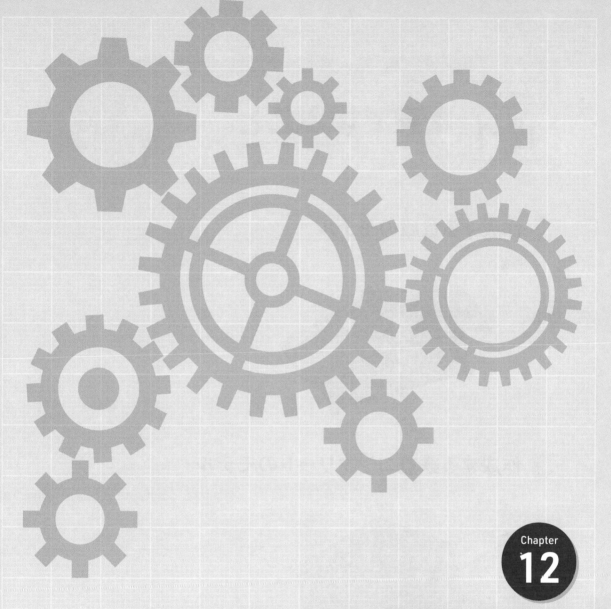

Chapter 12

BIM機能で 簡単な倉庫を作ろう

FreeCADにBIM機能にて倉庫をデザインしてみましょう。慣れてきたら、住宅の間取りを引いてみるのもいいかもしれません。本書では、簡単な鉄筋コンクリートのデザインの仕方から柱、壁、建具を扱います。

Section 12-1 本章で学ぶこと

作成する倉庫のモデル

🔽 図 12-1

作成する鉄筋コンクリートのモデル

🔽 図 12-2

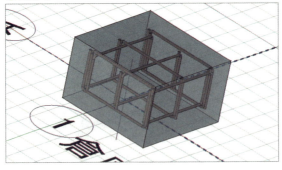

学習する内容

- ◆ BIMとは
- ◆ 建物情報の入力
- ◆ 鉄筋コンクリートのデザイン

- 柱の建て方
- 屋根のつけ方
- 壁のつけ方
- 建具(扉と窓)のつけ方

覚えておきたい内容

BIM

BIMとは、Building Information Modelingの略です。どういうことかというと、FreeCADの中に実物と同じ建物を作成し、それらを構成しているオブジェクト、つまり壁、屋根、柱、建具、階段や給排水設備などに価格や素材、形状情報を与えて集合体とします。それぞれのオブジェクトが集合体となっているため、コストの削減や形状を変更した際に必要な工事などが一目でわかるようになります。

どのように変更するかというと、クリック1つで使用する材料を変えます。また、3Dで情報を共有することで視覚的に情報を伝えることができるため、より良いものづくりに貢献できると考えられています。

その一方で、オブジェクトのデータが足りない場合は従来の3DCAD、つまり、パース図となんら変わらないため、BIMの発展には大量のオブジェクトデータが必要です。

鉄筋

コンクリートの中には鉄筋が入っています。鉄筋を入れることで壊れにくいコンクリートを作ることができます。鉄筋の太さはばらばらで、図面に使うサイズの鉄筋が明記されています。

建具

建具とは、扉や窓のことです。実際の工事では最終段階につけることが多く、建具をつけ始めたら終わりが近いです。住宅を建てるとき、どうやって建具を取り付けるのか見るのもおもしろいかもしれません。

Section 12-1　本章で学ぶこと　**393**

Section 12-2 BIM機能

FreeCADはver1.0よりBIMが標準装備されました。

1 プルダウンメニューからBIMをクリックします。

⬇ 図12-3

2 初回起動時はアイコン類が画面の右側に隠れているので、マウスでつまんで表に出してあげましょう。

⬇ 図12-4

Section 12-3 座標の変更と建物情報の入力

それではBIMを体験してみましょう。まずは座標の単位をmmからmに変更します。実際の建物をFreeCADの中に建設するため、座標がmであることが望ましいです。それが完了したら建物情報を入力します。誰がどこに何を造るのかです。

1 プルダウンメニューからBIMを選択します。

○ 図12-5

2 BIMをセットアップします。ファイルメニューのManageからBIMセットアップを開きます。

○ 図12-6

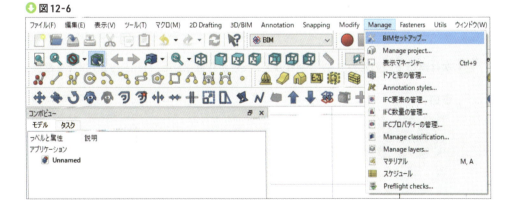

3 セットアップ画面が表示されます。デフォルト値を設定にて、メートルを選択します。既定のグリッド線の間隔を100mmにします。

⬇ 図 12-7

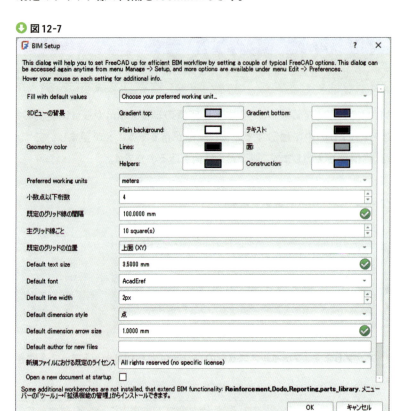

4 次は建物情報の入力です。ファイルメニューから Manage、Manage project を選択します。

⬇ 図 12-8

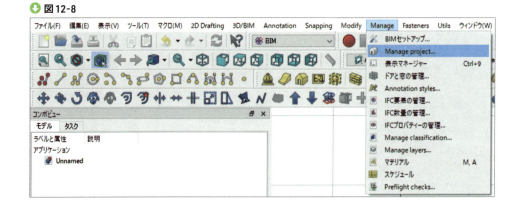

5 建物情報を入力します。図のように入力してみましょう。

人型を追加	チェックをはずす
名前	倉庫1建築工事
アドレス	東京都 ※**住所のことです。** 緯度と経度は省略します。 ※**Google Earth にて調べることができます。**
標高	100m ※**建物を建てるときの基準となる高さです。**
名前	倉庫1
主な用途	Other-Hut
建物の全体長さ	10000mm=10m
建物の全体幅	5000mm=5m
V軸の数	3
V軸間の距離	5000mm=5m
H軸の数	2
H軸間の距離	5000mm=5m

Section 12-3　座標の変更と建物情報の入力　**397**

⚬ 図 12-9

BIM Project Setup

This screen allows you to configure a new BIM project in FreeCAD.

ユーザープリセット…

| Save template… | Load template… |

☐ Create new document

Project name Unnamed

☐ Add a human figure

☑ Create Site

The site object contains all the data relative to the project location. Later on, you can attach a physical object representing the terrain.

名前	倉庫1建築工事
アドレス	東京都
Latitude	0.0000 N
Longitude	-20.0000 E
偏角	0.00 °
Elevation	0.0000

☑ Create Building

This will configure a single building for this project. If your project is made of several buildings, you can duplicate it after creation and update its properties.

名前	倉庫1
Main use	Other - Hut
Gross building length	10000.0000
Gross building width	5000.0000
V軸の数	3
V軸間の距離	5000.0000
H軸の数	2
H軸間の距離	5000.0000
軸の線幅	2
軸の色	

Levels

| Number of levels | 0 |
| Level height | 0.0000 |

The above settings can be saved as a preset. Presets are stored as .txt files in your FreeCAD user folder

| プリセットを保存 | OK | キャンセル |

398 Chapter 12 BIM機能で簡単な倉庫を作ろう

6 **画面に建物の大きさが表示されます。**

⬇ 図12-10

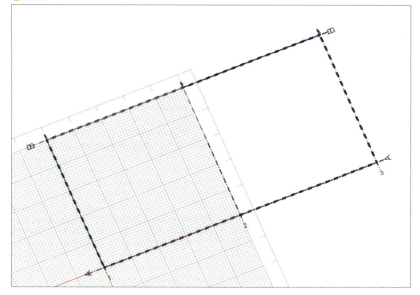

　ここまでが建物情報の入力です。外側の輪郭が建物全体の大きさを表していて、横に10m、縦に5mです。そして、V軸とH軸にわけました。V軸はY軸方向の補助線で、H軸はX軸方向の補助線です。建築業界では"通り"と呼び、それぞれの補助線には番号がふられます。図面にも番号がつけられます。

　通り芯の文字がデフォルトですと小さいため、文字の大きさを300程度にしてみましょう。

　ツリーを展開し軸を見つけてみましょう。

Section 12-4 基礎の鉄筋コンクリートをデザインしてみよう

　建物の大きさが決まりましたので、実際の建物をFreeCADの中に実際と同じ手順で建設していきます。まずは整地や地盤改良ですが、省きます。次に、建物を支える基礎を作りましょう。FreeCADでは鉄筋のデザインもできるため、鉄筋コンクリートのデザインに挑戦してみましょう。

1 構造体作成ボタンを選択します。

○ 図12-11

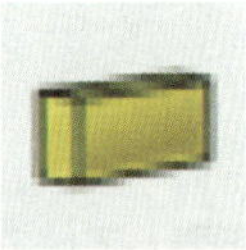

2 構造体のプロパティが表示されます。相対と全体にチェックを入れ、ColumnからPrecast concreteを選択、プリセットをBeamとし、長さを500mm、幅を500mm、高さを300mmとします。
通りAと1の交点に構造体を挿入します。

図 12-12

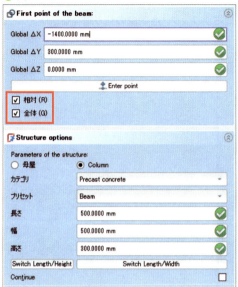

3 原点に構造体が挿入されます。プロパティを開いて構造体の寸法を変更します。

Height	0.3m
length	0.5m
Width	0.5m

図 12-13

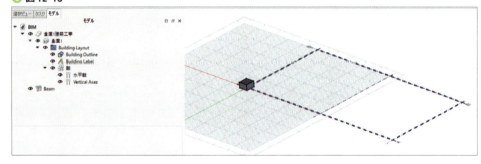

Section 12-4　基礎の鉄筋コンクリートをデザインしてみよう　**401**

4 これから鉄筋のデザインに入ります。しかし、構造体の中に鉄筋が隠れて視認できなくなるため、構造体の色を薄くします。Beamにて右クリック、透明度の切り替えをクリックします。

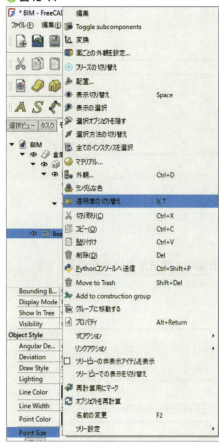

図12-14

5 構造体が透明になりました。

🔽 図12-15

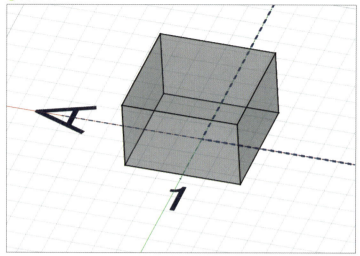

6 次に鉄筋データをインストールします。ファイルメニューのツールから拡張機能の管理を起動します。

🔽 図12-16

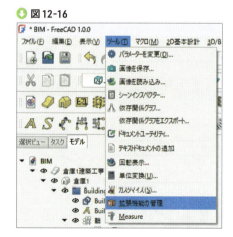

Section 12-4　基礎の鉄筋コンクリートをデザインしてみよう　403

7 Reinforcementを選択してインストールします。

⬇ 図12-17

8 データを保存してからFreeCADを再起動します。

9 鉄筋を挿入する面を選択します。

⬇ 図12-18

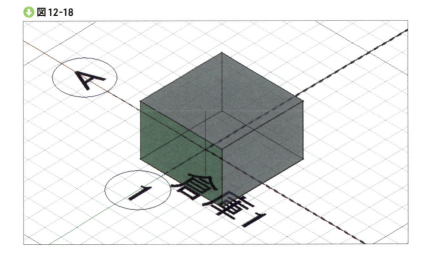

10 鉄筋を選択します。今回はUタイプとします。

○ 図12-19

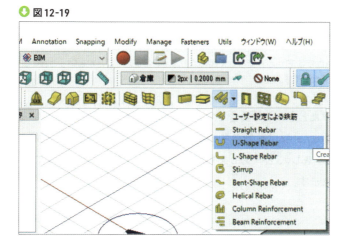

11 鉄筋のプロパティが表示されます。

○ 図12-20

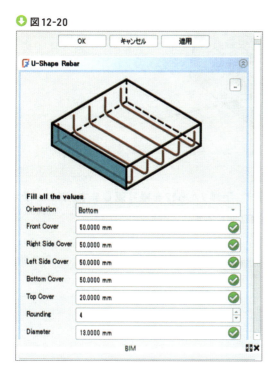

Section 12-4　基礎の鉄筋コンクリートをデザインしてみよう　**405**

12 パラメーターを調整します。OrientationをBottomとします。つまり、下側の鉄筋です。Coverと書かれている項目は鉄筋かぶりのことです。全て50mmとします。かぶりとは、鉄筋からコンクリート表面までの寸法をさします。

※細かい話ですが、FreeCADでは芯かぶりではなく面になります。どういうことかというと、寸法の始まりは鉄筋の芯ではなく、表面からです。

Roundingは鉄筋を曲げたときの曲げ具合です。4としましょう。細い鉄筋を用いる際は特に影響はありません。Diameterは鉄筋のサイズであり、直径です。日本で一般的な13とします。Amountにチェックをし、3と入力します。これは鉄筋の本数です。最後にOKボタンを押すと鉄筋が挿入されます。

◯ 図12-21

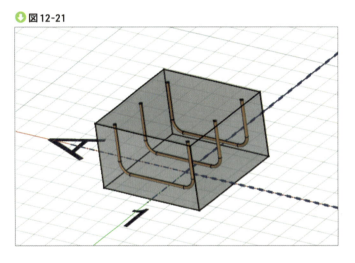

13 同じ要領で上側の鉄筋を挿入します。手順9から12を繰り返します。プロパティでは、Orientationをtopとします。他の項目は同じです。

◯ 図12-22

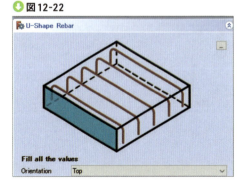

14 上側に鉄筋が挿入されます。

○ 図12-23

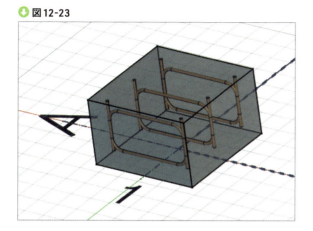

15 上と下の鉄筋が重なり合っているため、ずらす必要があります。プロパティのPlacementの値を選択し、右側のアイコンを選択します。

○ 図12-24

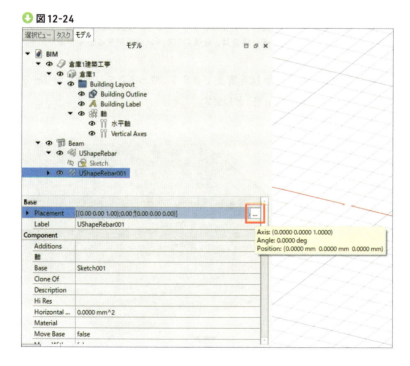

16 配置プロパティにて平行移動量Yを13とします。OKボタンを押すと鉄筋がずれて実際の建設現場と同じとなります。

図12-25

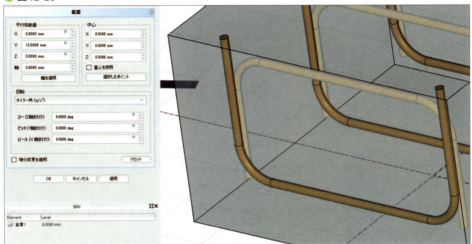

※13mm寄せたぶん、反対側のかぶりが50-13=37mmとなっています。今回は鉄筋が細いため大きな影響はありませんが、直径32や51の鉄筋を使う場合は、最後の1スパンで調整する必要があります。

17 FreeCADではあとからでも鉄筋の形状を変更できます。やってみましょう。ツリーでデータを選択し、プロパティにてRoundingを1とします。

図12-26

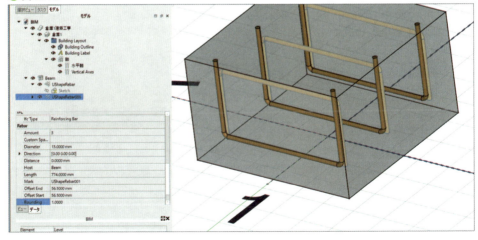

18 かぶりを変更したい場合は、ツリーにてデータをダブルクリックします。そうすると、図の画面に戻ります。

○ 図12-27

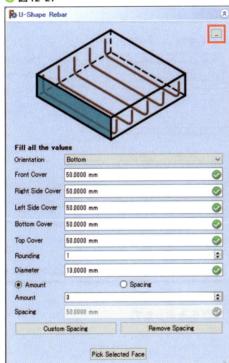

Section 12-4　基礎の鉄筋コンクリートをデザインしてみよう　409

19 各項目について不明な場合は、説明書を確認しましょう。図12-27の右上に示した赤色の四角を選択すると説明書を確認できます。

🔽 図12-28

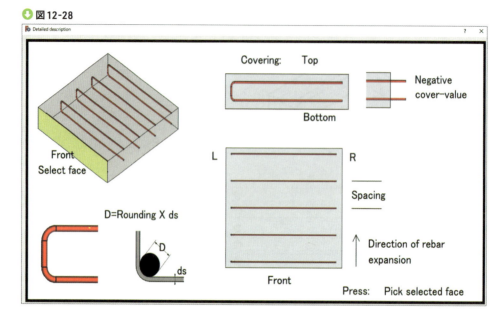

20 残りの面にも鉄筋を挿入しましょう。まずは面を選択します。

🔽 図12-29

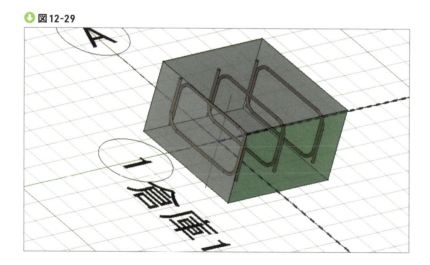

21 プロパティにてかぶりを設定します。鉄筋のサイズが13mmのため、以下のかぶりは50+13=63mmとします。

Front Cover	63mm
Bottom Cover	63mm
Top Cover	63mm

🔽 図12-30

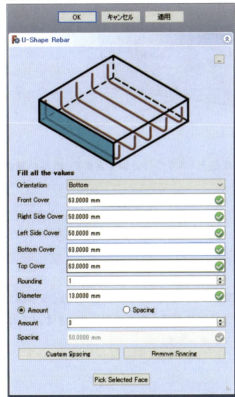

Section 12-4　基礎の鉄筋コンクリートをデザインしてみよう　411

22 鉄筋を入れてみましょう。

🔻 図12-31

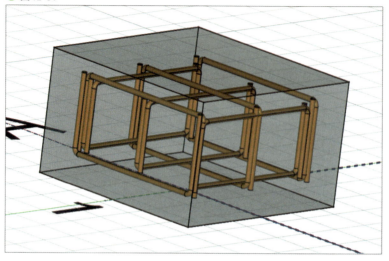

23 ダウングレードボタンを活用することで鉄筋を1本ずつに分解できます。鉄筋が重なり合う個所は微調整しましょう。

🔻 図12-32

24 構造体と鉄筋は別々のデータとして認識されているため、まとめましょう。まずはツリーにて関連するデータを全て選択します。2つ目以降のデータを選択するときは、CTRLキーを押しながら選択します。macの方はコマンドキーです。

🔻 図12-33

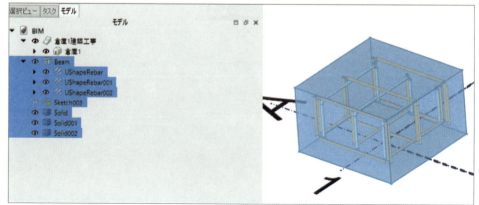

25 プルダウンメニューから Part へ進み、複合体作成ボタンをクリックします。

🔽 図 12-34

26 中の鉄筋が見えなくなった場合は再度透明化をしてみてください。

🔽 図 12-35

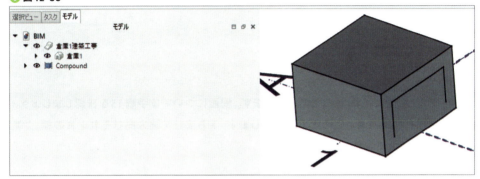

27 同じ構造物を5個作ります。コピーアンドペーストを活用しましょう。Compoundを選択した後、CTRL+Cキーにてコピーです。確認画面が表示されます。このままOKを押します。

🔽 図 12-36

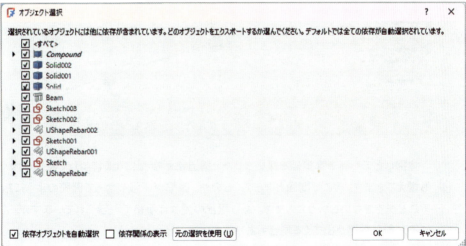

Section 12-4　基礎の鉄筋コンクリートをデザインしてみよう

28 CTRL+Vキーにてペーストです。5回行います。

🔽 図 12-37

29 プロパティから配置の画面に行きます。配置については手順15を確認しましょう。構造体を平行移動させ、図のように配置します。XおよびY軸方向はそれぞれの値、Z軸方向は-0.3mとしています。

🔽 図 12-38

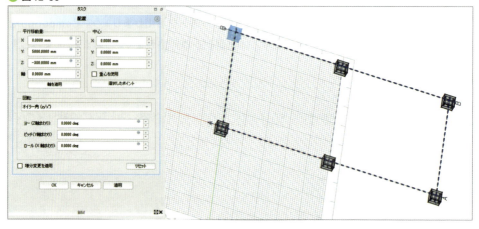

　今回はとても簡単な例題を扱いました。構造物が複雑になるにつれて鉄筋は太く、形状も増えてきます。そこで問題となってくるのが、鉄筋が干渉し合って図面のように組み立てることができないということです。ある程度のずれは規格で許容されていますが、あきらかに不可能な鉄筋が出てくる場合もあります。

そんなとき、事前にFreeCADで鉄筋を組み立ててしまえば、どこのどの鉄筋が支障となるのか一目瞭然です。このような市販の鉄筋干渉ソフトと同じことがFreeCADでもできてしまいます。リストにない鉄筋を作りたい場合は、事前に線を引きましょう。

30 BIMワークベンチから下書きの連続線を使用して線を引きます。

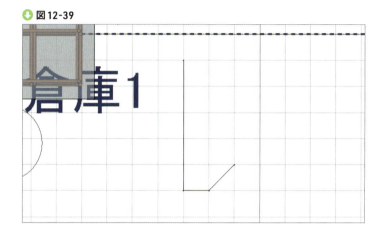

図12-39

31 線を選択した後、ユーザー定義の鉄筋を選択します。

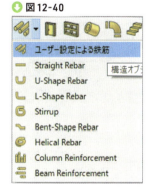

図12-40

32 ユーザー定義の鉄筋が表示されます。

🔽 図12-41

33 プロパティの値を調節することで図のようにもすることができます。

🔽 図12-42

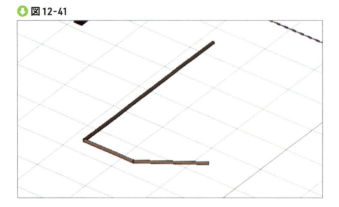

12-5 基礎の上に梁を載せよう

基礎の上に梁を載せていきましょう。材料は木材とします。

1 梁アイコンを選択します。

⬇ 図12-43

2 プロパティが表示されます。母屋材にチェックをし、カテゴリからEurocode timberを選択します。ヨーロッパ規格の木材です。プリセットは100×100とします。

⬇ 図12-44

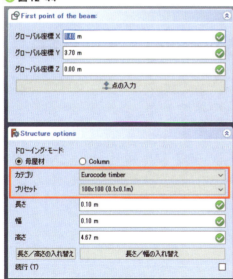

3 挿入したい個所の始点と終点にてクリックすると梁が挿入されます。

4 うまくできない場合は、配置プロパティにて梁を平行移動させましょう。プロパティから梁の長さを変更することができます。

5 同じ作業を4回行い、図のように梁を載せます。

🔽 図12-45

FreeCADではここで終わりですが、実際は固定金物で梁と梁を固定します。

Section 12-6 柱を立てよう

次は柱です。梁と同じような要領で組み立てていきます。柱を立てる際は、最初に設定した建物のアウトラインと軸を活用します。

1 柱のアイコンを選択します。

🔽 図12-46

2 柱プロパティが表示されます。梁と同様にEurocode timberを選択します。材料を決めたら、適当な個所に挿入します。高さは3.0mとします。

🔽 図12-47

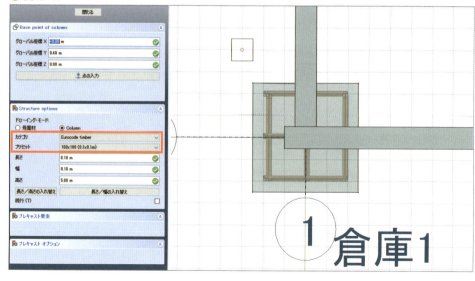

3 配置プロパティを表示して、柱を梁の交点、つまり原点に平行移動させます。

○ 図12-48

4 軸機能を利用して柱をコピーします。まずは柱のプロパティを開きます。軸の値を選択し、赤色の四角で囲ったアイコンを選択します。

○ 図12-49

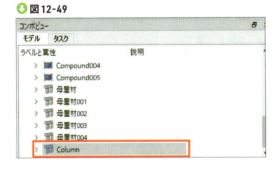

○ 図12-50

5 軸の選択画面が表示されるので、ここから軸を選択してOKを押します。

🔽 図12-51

6 軸の交点に柱が配置されます。柱が表示されない場合は画面左下の更新ボタンを選択します。

🔽 図12-52

7 軸の交点に柱が立ちました。

🔽 図12-53

Section 12-6　柱を立てよう　421

8 柱の高さを調整する場合は、プロパティから行います。今回は3mにしましょう。

○ 図12-54

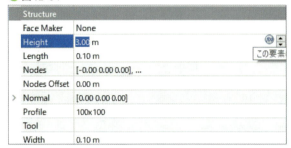

　FreeCADではここで柱の設置は終わりですが、柱が倒れないように梁側の木材に凹、柱側の木材に凸の加工が施してある場合が多いです。そして、柱が巨大な場合はクレーンや足場が必要です。

Section 12-7 梁をつけよう

柱が立ったら今度は梁です。実際の作業では転落の恐れがあるため、足場が必要です。

1 基礎の上に載せた梁をコピーしてZ軸のプラス方向に移動させましょう。ツリーにてデータを選択します。2つ目以降のデータを選択するときはCTRLキーを押しながら選択します。macの方はコマンドキーです。

⬇ 図12-55

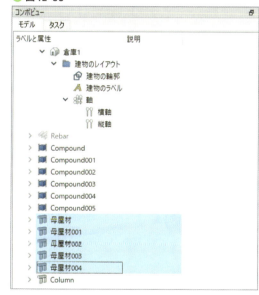

2 CTRL+Cキーにてコピーです。メッセージが出るのでOKを押します。

● 図12-56

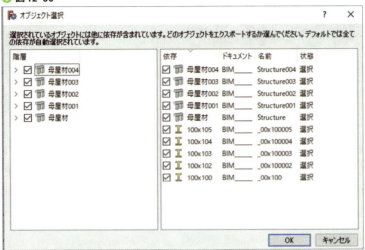

3 CTRL+Vキーでペーストです。ペーストしたデータの配置プロパティを開き、Z軸プラス方向に母屋材のデータを移動させましょう。

● 図12-57

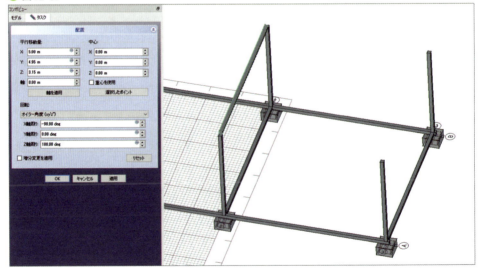

4 同様の作業を繰り返し、図のようにします。

⬇ 図12-58

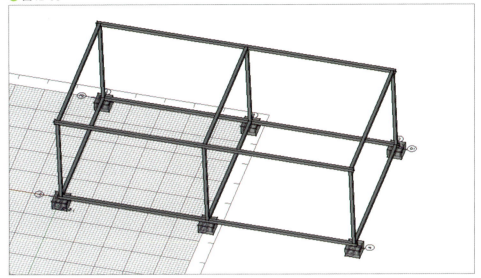

Section 12-8 屋根の骨組みをつけよう

だんだんと倉庫の骨組みが出来上がってきました。本来ならここで斜材等の補強材を入れるのですが、本書では省きます。屋根材を構築していきます。

1 画面の座標上に11mの直線を引きます。まずは直線アイコンを選択します。

▼図12-59

2 座標上に10mの線を引きます。

▼図12-60

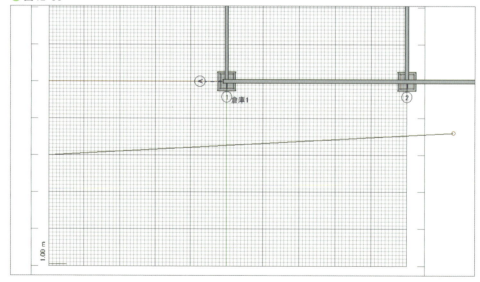

3 横に真っすぐな直線を引けたら、プロパティから延長を11mとします。

🔽 図12-61

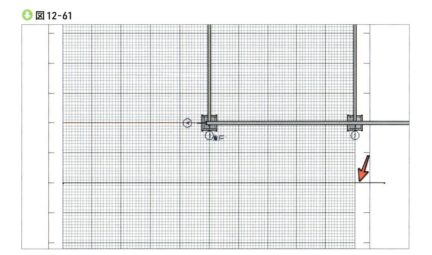

4 直線を選択した後、トラスのアイコンを選択します。

🔽 図12-62

5 画面にトラスが表示されます。

🔽 図12-63

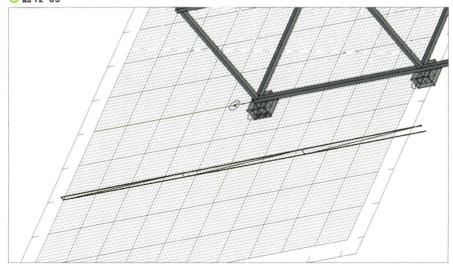

6 プロパティを開きます。

⬇ 図12-64

プロパティ	値
Base	
› Placement	[(0.00 0.00 1.00); 0.00 deg; (0.00 m 0.00 m 0.00 m)]
Label	トラス
Component	
Additions	
軸	
Base	Line
Clone Of	
Hi Res	
Horizontal ...	0.00 mm^2
Material	
Move Base	false
Move With ...	false
Perimeter L...	0.00 m
Standard Co...	
Subtractions	
Vertical Area	0.00 mm^2
IFC	
Ifc Type	Beam
IFC Attributes	
Description	
Global Id	
Object Type	
Predefined ...	BEAM
Tag	
Truss	

7 プロパティの値を以下に調整します。値を調整するとトラスの形状が変化します。

Height End	2.0m
Height Start	0.3m
Rod Size	0.1m
Rod Type	Square
Strut Height	0.1m
Strut Width	0.1m
Slant Type	Double
Rod End	True
Strut Start Offset	0.1m
Rod Sections	4

⬇ 図12-65

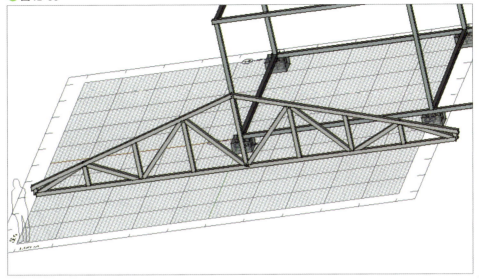

8 トラスデータを平行移動させて梁に載せます。

⬇ 図12-66

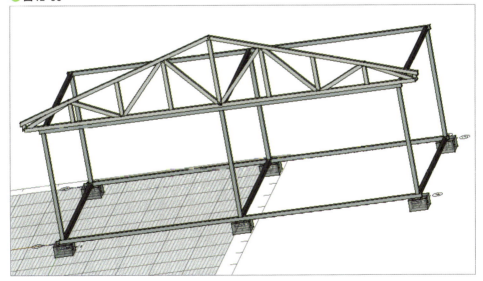

Section 12-8　屋根の骨組みをつけよう　429

9 データをコピーして反対側にもトラスを載せます。

🔽 図12-67

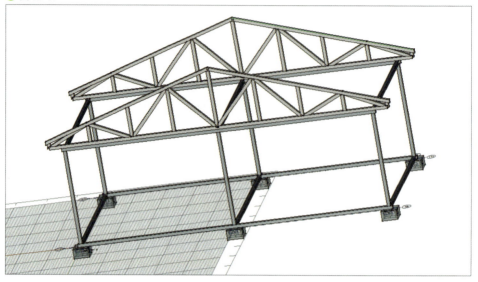

10 トラスとトラスをつなぐ梁を設けます。

🔽 図12-68

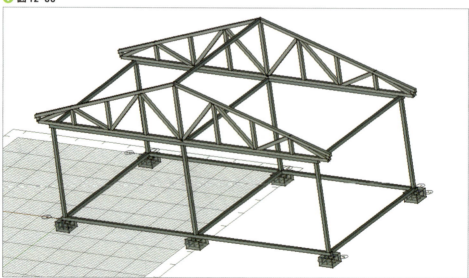

骨組みが形作られてきました。補強材や中間の柱など、足りないものは多々ありますが、骨組みの話はいったん終わりにして壁や建具の作り方を説明していきます。

Section 12-9 床と張壁をつけよう

倉庫の骨組みはできましたか。ここからは床と張壁を設けていきます。

1 ツリーを展開して Building Outline をクリックします。

◎ 図12-69

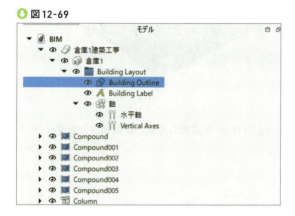

2 スラブアイコンを選択します。

◎ 図12-70

3 床が挿入されます。厚さと高さ方向の位置を適宜調整します。

🔽 図12-71

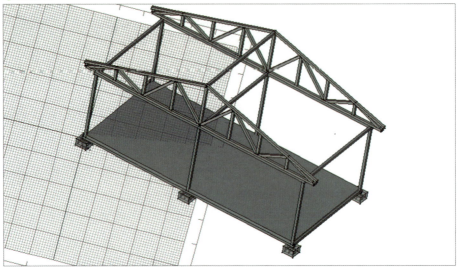

4 今度は張壁です。もう一度、Building Outlineを選択した後、張壁ボタンをクリックします。

🔽 図12-72

5 張壁が挿入されます。

🔽 図12-73

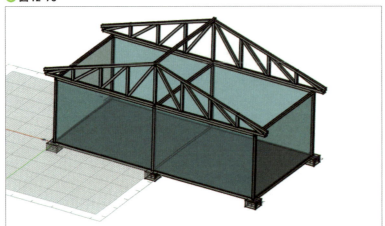

Section 12-10 屋根材をつけよう

次は屋根材をつけていきましょう。形状は波トタンです。

1 座標に波線を描いてみましょう。B-スプラインアイコンを使います。
プルダウンメニューにて BIM から Draft に移動します。

⬇ 図 12-74

⬇ 図 12-75

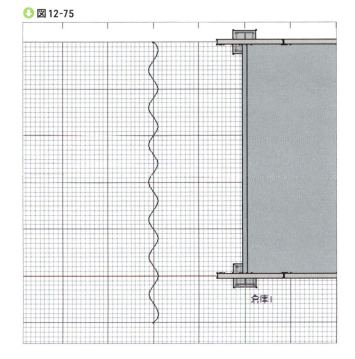

2 波線を選択してドラフトからスケッチャーへの切り替えボタンを選択します。

🔽 図12-76

3 プルダウンメニューからSheet Metalを選択します。

※Sheet Metalは追加のプログラムです。11章で紹介しているので取り入れてみましょう。

4 変換されたスケッチデータを選択した後、図の赤色の四角で囲ったアイコンを選択します。

🔽 図12-77

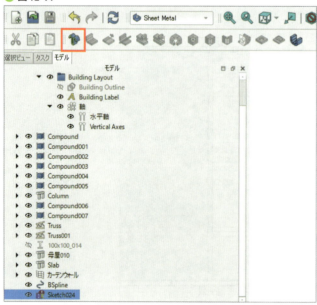

5 立体が表示されます。この段階では小さいので、プロパティの数値を調整して大きくしましょう。数値の指定はありません。

⬇ 図12-78

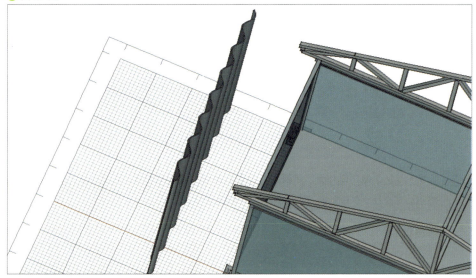

6 配置プロパティにてモデルの位置を調整します。屋根のトラス材の上に移動させます。Y軸周りを回転させるのがポイントです。

⬇ 図12-79

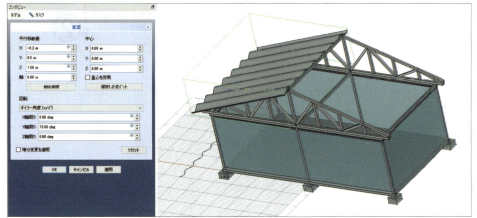

7 データをミラーリングして屋根材を反対側にも取り付けます。まずは屋根材を選択した後、ミラーリングボタンを選択します。

◉ 図12-80

8 ミラーリングのプロパティが表示されますが何も入力はせず、ミラーリング基準線の始点と終点にてクリックします。図の①と②の個所です。

◉ 図12-81

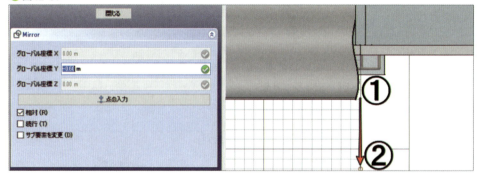

9 ミラーリングが完了するとモデルがコピーされます。

図12-82

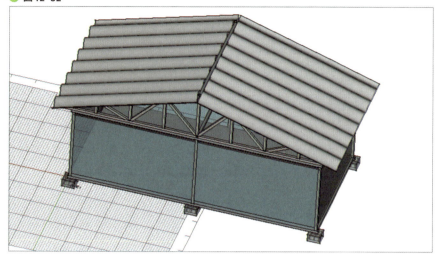

10 屋根の凸部に雨水侵入防止の部材を取り付けます。波トタンを作った要領で図のような部材を作成し、セットします。

図12-83

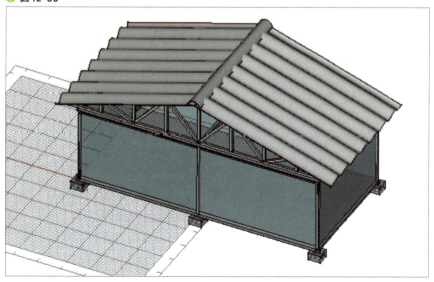

Section 12-11 自分でデザインした建具をつけよう

いよいよ最終段階です。建具を取り付けます。建具とは、扉や窓のことです。実際の建物も造るには時間がかかりますが、FreeCADで造る場合も同じです。もう一息です。

FreeCADにはデフォルトの建具データが搭載されていますが、それを使うだけでは面白味がありません。自分でデザインした建具を倉庫に取り付けてみましょう。

1 プルダウンメニューからSketcherを選択します。

🔽 図12-84

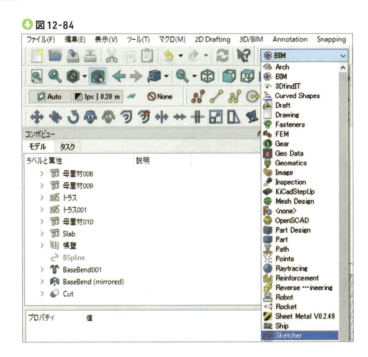

2 新規スケッチ作成ボタンを選択します。

🔽 図12-85

438　Chapter 12　BIM機能で簡単な倉庫を作ろう

3 スケッチの座表面を決めます。今回はxz平面に扉をつけるため、xz平面を選択します。その後、OKを押します。

🔽 図12-86

4 四角アイコンを選択して任意の個所に扉を描きます。

🔽 12-87

5 寸法は後から設定するため現状は任意の寸法です。

🔽 図12-88

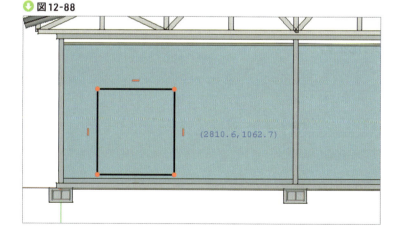

6 扉の模様を描きます。

⬇ 図12-89

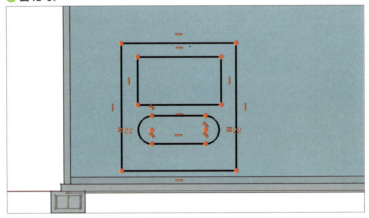

7 扉の大きさを決めていきます。寸法を決めたい横線を選択したのち、横線寸法入力ボタンを選択します。

⬇ 図12-90

8 寸法入力ウィンドウが開きます。表示の値でよければそのままOKを、変更したい場合は所定の数値を入力します。

⬇ 図12-991

9 次は縦線を選択して縦線寸法入力ボタンを選択します。

⬇ 図12-92

10 手順8と同様のウィンドウが表示されるので、寸法を決めます。これらの作業を繰り返し、扉のデザインを行います。デザイン完了後、Escキーを押して終了します。元の画面に戻ると、壁に扉が描かれています。

図12-93

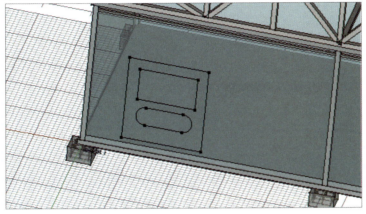

11 プルダウンメニューからBIMに戻ります。その後、扉を構成する適当な1辺を選択した後扉ボタンを選択します。

図12-94

12 扉ボタンを選択すると、扉の色が変わり、扉として認識します。

図12-95
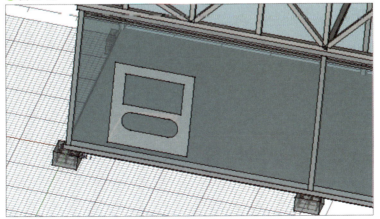

Section 12-11　自分でデザインした建具をつけよう

13 扉のプロパティを開き、エラーを防ぐため、Ifc TypeをDoorとします。窓の場合はWindow
とします。

🔽 図12-96

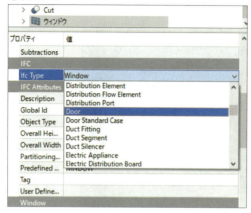

14 ドアのデータをダブルクリックします。

🔽 図12-97

15 実際は扉ですが窓と表示されるので注意しましょう。

🔽 図12-98

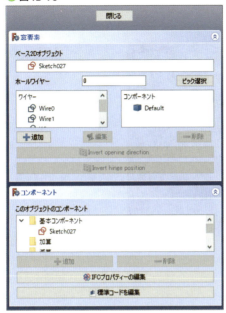

16 要素を編集します。まず、コンポーネントのDefaultを選択して編集を選択します。

17 要素の内容が変わります。扉に厚みをつけましょう。厚みはわかりやすいように50mmとします。入力後、Create/Updateボタンをクリックします。

🔽 図12-99

18 オフセットを-50mmとすると扉の厚みが浮き出てきます。

⬇ 図12-100

19 以上で完成になります。

⬇ 図12-101

BIMについて復習

　ここでもう一度BIMについて復習します。BIMとは、建物を構成するオブジェクトに情報を与えて管理するとのことです。しかし、今までの作業はゼロから柱や扉を作成しました。パース図の作成となんら変わりません。どういうことかというと、BIMワークベンチをインストールしただけではオブジェクトが圧倒的に足りません。シャッターやスライド式扉など

の建具、螺旋階段や段差等のオブジェクト、大理石の柱や各種タイルなどなど、建材を自分でデザインしてあらかじめ登録する必要があります。登録さえしておけば、クリック1つで呼び出せて積み木のようにデザインできます。かつ、積算も便利です。これがBIMです。

わかりやすくいうと、図に示した建設材料と備品のデータをあらかじめ格納しておけば、クリック1つで設計ができ、積算も、予算の変更も楽ちんということです。

市販のBIMや住宅会社などが独自開発しているBIMとの違い

違いは、圧倒的なオブジェクトの数です。FreeCADにはそれがないのでゼロから作る必要があります。FreeCADの利用者が増えればオブジェクトの共有も広がるでしょう。

○ 図12-102

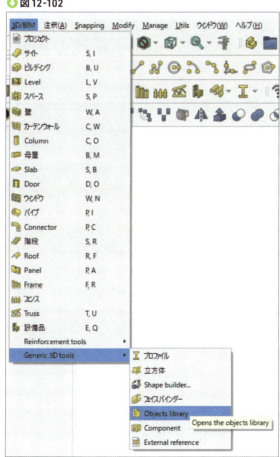

Section 12-11 自分でデザインした建具をつけよう 445

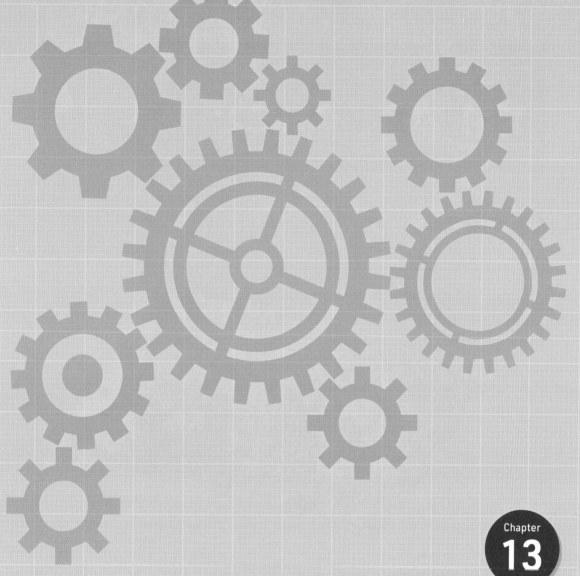

Chapter
13

ICT建機を動かすための3次元施工データを作成する

ICT建機を動かすためには建機、重機操縦者、手元作業員、測量、そして3次元CADデータ、どれかが欠けると成り立ちません。今回は3次元CADデータを簡単に作る方法を紹介します。低コストでの作成が可能となるので是非、実際の現場にて実践してください。

Section 13-1 本章で学ぶこと

作成するデータ

🔽 図 13-1

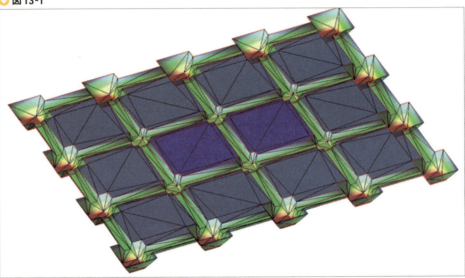

- ICT建機の概要
- ICT建機用の3次元施工データ作成（※3次元化まで）

Section 13-2 ICT建機による情報化施工とは

近年、建設業界ではICT（情報通信技術）を活用した「情報化施工」が急速に普及しています。情報化施工とは、測量・設計・施工・管理といった一連の建設プロセスにICT技術を取り入れることで、作業の効率化や精度向上を実現する手法です。その中心的な役割を担うのが、ICT建機（ICTを搭載した建設機械）です。

ICT建機は、GNSS（全球測位衛星システム）や3D設計データと連携し、自動制御やオペレーター支援機能を備えています。これにより、従来は熟練作業者の経験や勘に依存していた施工を、より正確かつスムーズに進めることが可能になります。

ICT建機の主なメリット

◆ 1. 施工の精度向上
- 3Dデータを活用し、高精度な作業を実現。
- 人為的な測量ミスや施工誤差を削減。

◆ 2. 作業効率の向上
- 自動制御やオペレーター支援機能にて作業時間を短縮。
- 少人数での施工が可能になり、人手不足対策にも貢献。

◆ 3. 安全性の向上
- 作業員の危険な作業を削減し、安全な現場環境を構築。
- 重機オペレーターの負担を軽減。

◆ 4. コスト削減
- 余分な掘削などを減らし、経済的な施工を実現。
- 工期短縮によるトータルコストの削減。

ICT建機の代表的な種類

◆ ICT油圧ショベル（3D設計データに基づく掘削作業）
◆ ICTブルドーザー（自動制御による均し作業）

- ICTグレーダー（高精度な路盤整正）
- ICT振動ローラー（締固めの品質管理）

　情報化施工の導入により、建設現場の生産性が飛躍的に向上し、より安全で持続可能なインフラ整備が可能になります。今後もICT技術の進化とともに、さらなる活用が期待されています。本書ではICT油圧ショベルによる土工事を想定し3次元施工データの作成方法を紹介します。こちらのデータを実装することでオペレーター支援機能が確立されます。
　具体的には、設計法面の角度が45度の場合、その通りに掘削整形することが可能となります。

🔽 図13-2 ICT建機のイメージ

ICT油圧ショベル

油圧ショベルは、建築現場や土木現場にて使用されている重機の一種で主に掘削作業を行います。ICTとは、情報通信技術（Information and Communication Technology）の略称です。この2つが合体したものがICT油圧ショベルです。

具体的には、ICT油圧ショベル(以下、BH)を使うことで図面に示された通りの勾配や角度での掘削が可能となり、丁張や遣り方の設置、床付け高さの確認、法面勾配や斜長の確認が必要なくなります。

どのような仕組みでこれを可能にしているのかというと、GPSと3DCADデータを利用した情報通信技術です。BHに取り付けたGPS受信機にてBHの現在位置をリアルタイムでx方向、y方向、z方向で数値化します。つまり、BHそのものが測量機器となります。そして、BHに読み込んだ3DCADデータがGPS情報とリンクすることで3DCADデータが丁張となります。丁張を侵して掘削を進めようとするとBHのレバーを動かしてもアームが動かないようになっており、正確な掘削ができるわけです。

⬇ 図13-3 日本キャタピラー https://www.nipponcat.co.jp/lp/320/

ICT建機を動かすために必要な3次元データとは

本書では3Dプリンターにて造形することに主眼を置いてきたため、ソリッドデータと呼ばれる厚み情報が付与された3Dデータを主に扱ってきました。

しかし今回必要となってくる3Dデータは厚み情報のないサーフェスになります。

🔵 図13-4 厚みのあるソリッド、厚みのないサーフェス

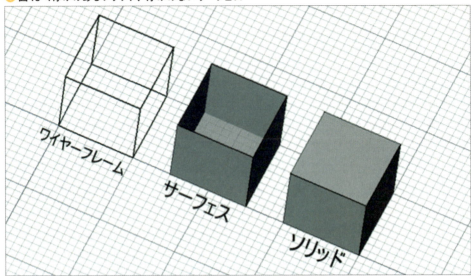

3次元施工データの作成方法と費用感について

ここでは3次元施工データの作成フローと費用感について紹介します。
まず、本書では従来の高価な3次元CADは使用しません。フローは以下になります。

- 1. 現場にて測量（※詳細な方法は省きます）。
- 2. 2次元の土工施工図を作成
- 3. 作成したデータをFreeCADに読み込み3次元化
- 4. 2次元データとしてデータをエクスポート
- 5. 2次元CADにて縮尺の調整、基準点を確認
- 6. トリンブルビジネスセンターにデータを読み込む
- 7. 全てのデータを選択し一括で面の作成機能を実施することでサーフェス化
- 8. 現地にてGPS測量
- 9. ローカライゼーションと呼ばれる設定作業を行う
- 10. ICT建機によるICT施工がスタート

ここでICT以前の従来の方法とICT建機、本書のパターンにてそれぞれの手順の状況を整理します。下表より従来の方法では工数が圧倒的に少ないことがわかります。

452　Chapter 13　ICT建機を動かすための3次元施工データを作成する

手順	従来	ICT建機	ICT建機(本書)
手順1	現場技術者が実施	現場技術者が実施	現場技術者が実施
手順2	同様	同様	同様
手順3	不要	不要	現場技術者が実施
手順4	不要	不要	現場技術者が実施
手順5	不要	データ作成の外注	現場技術者が実施
手順6	不要	測量の外注	測量会社に依頼
手順7	不要	測量の外注	測量会社に依頼(1クリック)
手順8	不要	測量の外注	測量の外注
手順9	不要	測量の外注	測量の外注

ICT建機は工数が増えるため手間であるという議論も一定数は存在しますが、建設作業に従事する人口が減っている昨今、この議論は省きます。

次に今までのICT施工を実施するために発生する費用について説明します。

1つ目は3次元データそのものを作るための外注費用です。これを自社でまかなおうとする場合は高額な3DCADライセンス費用(年間のサブスク)や教育費用が発生します。

次に、ICT建機と3Dデータ、GPSデータ、3つのデータを1つにまとめるためのローカライゼーションと呼ばれる測量作業がありますが、GPS測量機器やそれに付随するソフトは高額なためこちらも外注となります。そのため、新技術を進めようと挑戦するためには高額な初期投資が必要でした。わかりやすくするため外注費は表のなかでは赤色で記しました。

今回本書にて紹介する内容は下記の点を改善したため初期費用が減っています。

◆ 通常の2次元の土工施工図データを変換するだけで3次元施工データを作成できます。そのため、現場技術者にて3次元施工データの作成が可能となり外注は不要となります。
◆ GPS測量等のローカライゼーションそのものは測量会社に依頼することになりますが、「クリック1回でサーフェスデータを作成できる状態のデータ」を現場技術者が作るため、外注費用が圧倒的に安くなります。

興味がある方は是非、本書を最後まで読み進めてください。ともに建設業の一片ではあるが変えられればと思います。

Section 13-2 ICT建機による情報化施工とは

2次元CADにて土工の施工図を作る際に大事なこと

ICT建機用の3次元データ作成に必要な2DCADデータを、著者が管理しているWebページで公開しましたのでご活用ください。

2次元の土工施工図の公開先

こちらのURLにアクセスして該当データをダウンロードしてください。
メニュー項目のダウンロードです。

▶ https://horilab-freecad.com

土工の施工図作成で大事なこと

土工の施工図を作成するうえで何が大切でしょうか。残念ながらほとんどの設計図は参考図としての機能しか有していないと考えています（※設計図に示された構造図は建物の根幹をなすので重要です）。

土工の施工図を作るうえで重要な事柄を次に列挙します。こちらの話を理解していただいたうえで作成された3次元データは、クリック1回でサーフェス面を構築できます。そうでない場合はエラーが発生してしまいます。

- ◆ **1. 水は上から下に流れる。**
- ◆ **2. 穴を掘ればいつか崩れる。**
- ◆ **3. 法面の角度が急な場合は崩れやすい。**
- ◆ **4. 設計図の通りに掘削すると作業スペースを確保できず大変に危険**

どれも基本的なことと思いますが、とても重要な自然科学の摂理の話です。現場の原理原則です。

3Dデータへ変換する際に重要なこと

上記の4つの要素を盛り込んだ施工図を作成した場合でもデータ上は2次元です。3次元のデータへ変換する必要がありますが、その作成の際に重要ことがあります。

データ処理は基本的に上から下に向かって処理されます。水と同じです。つまり、上から下に向かって重機オペレーターが掘りやすい施工図を作成すれば、3次元データの変換はとても容易になり、本当にクリック1回で済んでしまいます。

454　Chapter 13　ICT建機を動かすための3次元施工データを作成する

Section 13-3 作図の準備

作図に必要な準備について紹介します。本書では2DCADはARES Standardを用います。3DCADはFreeCADを用いますが、dxfまたはdwgを読み書きできるように2-6にて紹介している設定を完了してください。

ICT建機に必要な3Dデータへの変換はトリンブルビジネスセンターを用います。

トリンブルビジネスセンターは大変高価なソフトのため、お知り合いの測量会社様等にお問い合わせください。それでは、ARES Standardの簡単な設定を紹介します。

背景色を白色にする

1 **Ares Standardを起動します。**

2 **背景の色を白色にしましょう（※黒色でも大丈夫です）。メニューバーの左上の赤色のマークをクリックし「オプション」をクリックします。**

⬇ 図13-5

3「作図スタイル」をクリックし表示の背景色にて白色を選択します。

🔽 図13-6

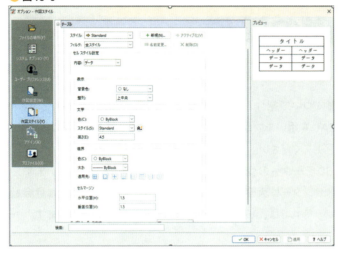

⚙ Eスナップの設定

　Eスナップとは、作図する際の補助機能です。例えば「まっすぐな線を描きたい」「線と線を隙間なくつなぎたい」「垂直な線を描きたい」などといったときに活躍します。

1「ユーザープリファレンス」をクリックします。

2「作図オプション」、「ポインタ制御」、「エンティティスナップ」の順に展開します。スナップの項目は、基本的には全てにチェックをいれることをお勧めします。

🔽 図13-7

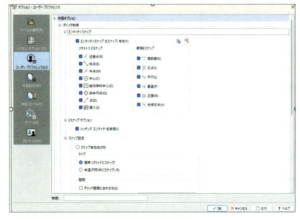

3 「表示」、「ポインタキュー」の順に展開します。サイズを真ん中に調整します。

⬇ 図13-8

4 右下の「適用」をクリックし「OK」を押して閉じます。

⚙ 作図設定にて長さのタイプと精度を設定しよう

作図をする前に、作図の精度を整えておきましょう。

1 Ares Standardを起動します。

⬇ 図13-9

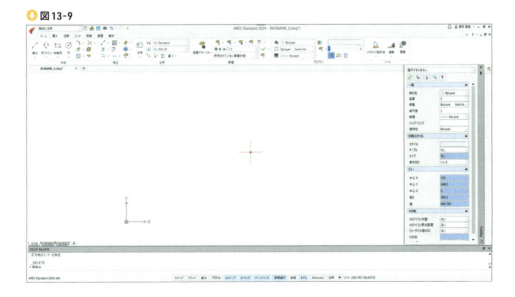

Section 13-3　作図の準備　457

2 コマンドを打ち込みウィンドウを表示させます。unitsを入力しましょう。入力する場所は特にありません。手順1の画面の状態で打ち込んでみてください。
※キーボードが半角英数字になっているか確認してください。

3 入力後「Enterキー」を押します。

4 作図設定が開きます。長さのタイプは「十進表記」にします。精度は「0.0000」にします。建設工学にて必要な精度はミリ(0.000)までです。そのため、0.0000の精度で描けば、たとえわずかにずれたとしても0.000には影響が及びにくいです。

⬇ 図13-10

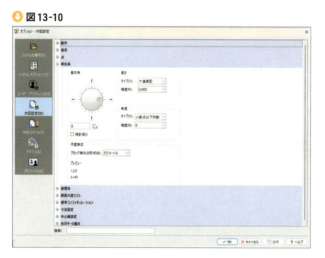

5 この画面にて角度の表記も設定できます。度分秒がお勧めです。また、角度はずれやすいため、精度を一番細かくしておきましょう。

⬇ 図13-11

6 「適用」、「OK」をクリックします。

インターフェイスを設定しよう

インターフェイスとは、CADを操作する画面をどうするかという設定です。基本的には左側が作図スペース、右側が数値などの調整で使われている方が多いです。

1 ツールバーを表示しておきましょう。小さな三角形のアイコンをクリックすると出てきます。

⬇ 図13-12

2 メニューバーの領域にて右クリックします。下図に示した「プロパティ」にのみにチェックをします。

⬇ 図13-13

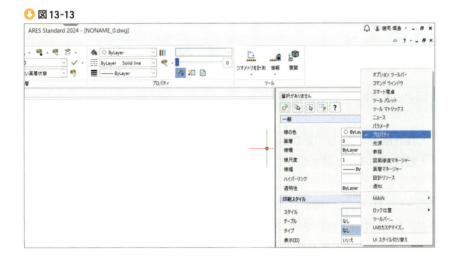

以上で簡単な設定は終わりです。残りの設定は作図しながら覚えていけば問題ないと感じます。初心者の方は動画やその他の参考書にて勉強してみてください。

Section 13-3 作図の準備

Section 13-4 作図

建築の根切り

それでは、ICT建機に必要な3次元施工データの作り方を紹介します。例題は建築根切りです。まずは2DCADでの作図からです。

> **Point** 例題の手順について
> 手順について詳しく紹介しますが、線の引き方など作図方法の説明は割愛します。

作図のポイント

作図のポイントは2つです。

- ◆ 1. 設計図をコピーし不要な情報や線を削除します。
- ◆ 2. 設計図の不備を探すために全ての線を自分で描いてみましょう。

要領としては、施工の順番で描いていくと良いです。現況図や既設構造物を把握し、下から上に向かって線を描いていくと、いろいろなことが課題として見えてきます。

慣れてくると、図面を見ただけでおかしな箇所、施工するうえで必要な寸法が書かれていないなど、すぐにわかるようになってきます。

2DCADでの作図

ここから詳しい手順を紹介します。

1 通り芯と番号を描きます。①～⑤、A～Dまでとします。間隔は全て10mです。10mは10,000mmで書いてください。

⬇ 図13-14

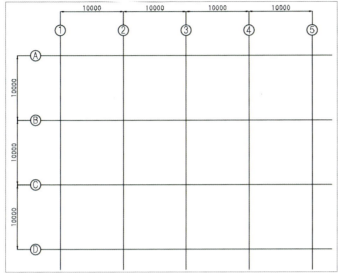

2 画層マネージャーを開きます。

⬇ 図13-15

3「新規」をクリックします。

⬇ 図13-16

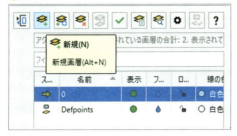

4 「line」という画層を作ります。名前は適当で大丈夫ですが、今後の作業で不必要なエラーが出ることを避けるため英数字がお勧めです。

⬇ 図 13-17

ス...	名前	表示	フ...	ロ...	線の色	線種	線幅	透...	印刷	新...	説明
➡	0	●	●	●	○ 白色	実線 Solid line	── デフォルト	0	🖨	💧	
	line	●	●	●	○ 白色	実線 Solid line	── デフォルト	0	🖨	💧	
	Defpoints	●	●	●	○ 白色	実線 Solid line	── デフォルト	0	🚫	💧	

5 手順1で作成したデータの画層をlineに設定します。

⬇ 図 13-18

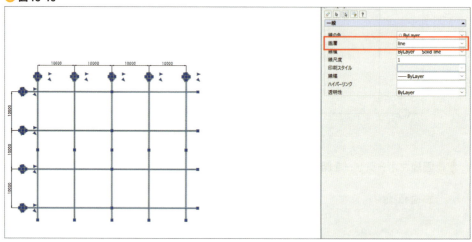

6 画層を増やします。下図に示した画層を新規作成し、使用する画層を-2000にしましょう。

-200	-800	-1250	-2000

画層の数字は、GLからの下がりです。下がりの高さ毎で画層を分けるのがポイントです。

🔽 図13-19

ス...	名前	表示	フ...	ロ...	線の色		線種	線幅	透...	印刷	新...	説明
	0	●	●	🔒	○	白色	実線 Solid line	── デフォルト	0	🖨	●	
	-1250	●	●	🔒	○	白色	実線 Solid line	── デフォルト	0	🖨	●	
	-200	●	●	🔒	○	白色	実線 Solid line	── デフォルト	0	🖨	●	
➡	-2000	●	●	🔒	●	白色	実線 Solid line	── デフォルト	0	🖨	●	
	-800	●	●	🔒	○	白色	実線 Solid line	── デフォルト	0	🖨	●	
	Defpoints	●	●	🔒	○	白色	実線 Solid line	── デフォルト	0	🚫	●	
	line	●	●	🔒	○	白色	実線 Solid line	── デフォルト	0	🖨	●	

7 **床付けの線を描きます。大きさは2.0m×2.0mです。この2.0mは作業スペースを含めています。また軸の中心が床付けの中心です。**

躯体の大きさを設計図から確認し、余掘りを加味した床付けの大きさとしましょう。

作業スペースは30cmから50cmが一般的です。

🔽 図13-20

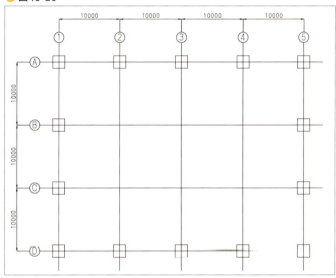

Section 13-4 作図 463

8 続きの床付けを描きます。今度は画層を-1250に設定します。
大きさは1.5m×1.5mです。

⬇ 図13-21

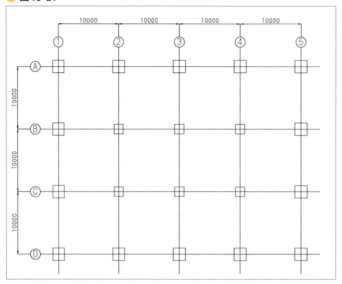

9 今度は画層を-800に設定します。高低差と角度を計算し、適切な間隔を設けて梁の部分の床付けを描きます。

⬇ 図13-22

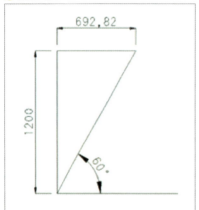

高低差が1,200mm、角度が60度以上の場合だと、693mmの間隔が必要です。全ての梁の床付け幅は800mmです。梁の中心は軸です。床付けが-2000と-1250では高低差が異なりますので、間隔に注意しましょう。

⬇ 図13-23

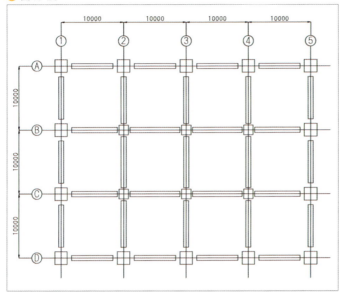

10 **画層を-200に設定します。盤の輪郭を描きます。**

- 高低差 -2000-(-200)=1800
- 高低差 -1250-(-200)=1050
- 高低差 -800-(-200)=600

間隔の長さを出すには以下のサイトが便利です。

▶ https://keisan.casio.jp/exec/system/1259903491

🔽 図13-24

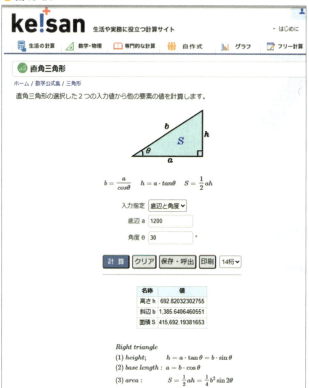

🔽 図13-25

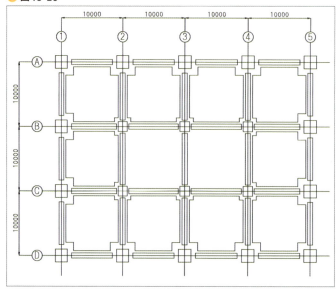

466　Chapter 13　ICT建機を動かすための3次元施工データを作成する

11 画層を0に設定します。真ん中のGLの床付けを描きます。

⬇ 図13-26

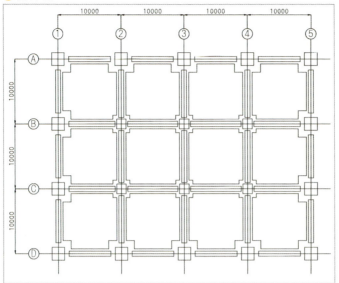

12 次にCAD上の原点(0,0)に1通りとA通りの交点がくるようにします。まずは丸を描いて丸がどこに来るか探しましょう。

丸のアイコンを選択すると、中心点が要求されます。ここで0を入力します。

⬇ 図13-27

13 原点に作図データを移動させます。

🔽 図13-28

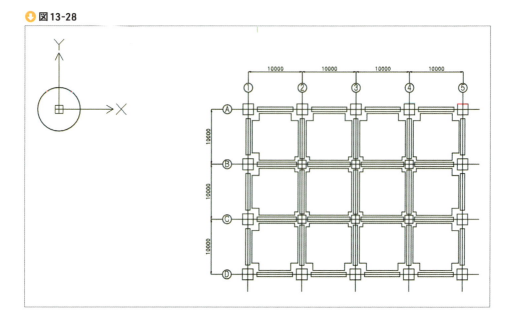

14 外周ラインを描きます。外周ラインの高さはGLです。

🔽 図13-29

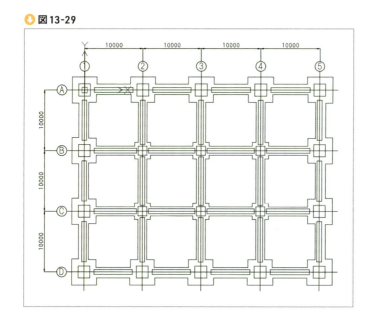

15 画層を作成します。名前はkijyunとします。

16 画素をkijyunとし、逃げ杭の位置に丸を描きます。

⬇ 図13-30

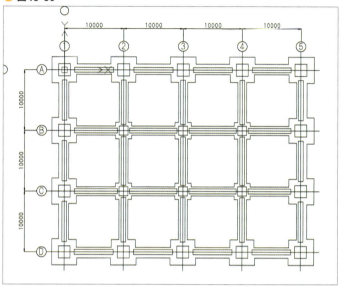

17 名前を付けてデータを保存します。不用意なエラー防止のため、名前は英数字にしましょう。ここで保存したデータが3D化に必要です。縮尺はこのままです。

18 ここからはICT建機のモニターに表示する図面を作成します。手順18以降にて描いた線は、新しい画層を使用しましょう。

19 設計図に示された躯体の線を確認し、問題がなければコピーアンドペーストします。床付けのラインと躯体のラインを色分けしておくと便利です。

20 必要な高さ、記号、寸法を記入します。その後、原点を中心にして縮尺を縮小させます。尺度は0.001です。

21 別名で保存します。以上で2Dの作図は完了です。

FreeCADでの作業

次はFreeCADでの操作になります。2D図面に高さ情報を付与します。それでは以下が詳しい手順です。設定がまだな方は1章にて設定を済ませましょう。

1 FreeCADを起動します。

2 メニューバーのファイルから「インポート」をクリックします。インポートには設定が必要です。2章の6項をご確認ください。

3 前ページの手順17にて保存したdwgデータを開きます。

4 データがFreeCADに読み込まれました。

🔽 図13-31

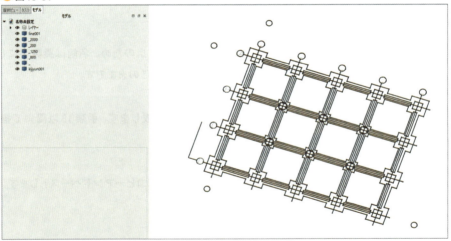

5 フォルダ「_200」をクリックします。これが2DCADで作成した画層「-200」です。

🔽 図13-32

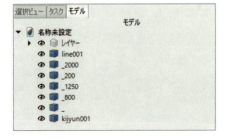

6 プロパティのBaseにて項目を展開し、zに-200mmと入力します。

⬇ 図13-33

Base	
▼ Placement	[(0.00 0.00 1.00); 0.0000 deg; (0.0000 mm 0.0000 mm -200.0000 m...
角度	0.0000 deg
▶ 軸	[0.00 0.00 1.00]
▼ 位置	[0.0000 mm 0.0000 mm -200.0000 mm]
x	0.0000 mm
y	0.0000 mm
z	-200.0000 mm
Label	_200

7 フォルダ「_800」をクリックし、zに-800mmと入力します。

8 同様の入力を残りの「_1250」と「_2000」にて行います。

9 高さ情報の入力が終わりました。

10 FreeCADでは高さ情報を入力するのみになります。他の作業は必要ありません。

11 データを選択します。1つ目のフォルダをクリックした後、CTRLキーを押しながら残りのフォルダを選択します。以下の図に示した青色のフォルダを選択します。

⬇ 図13-34

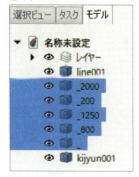

Section 13-4　作図

12 メニューバーの「ファイル」をクリックし「エクスポート」をクリックします。

⬇ 図 13-35

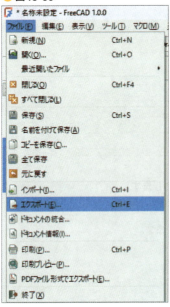

13 拡張子を「dwg」として保存します。

⬇ 図 13-36

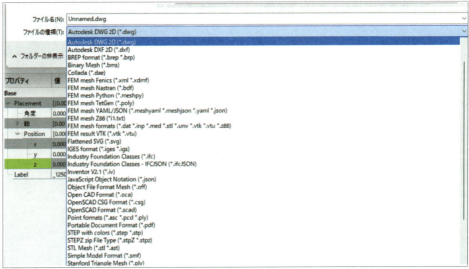

14 エクスポートしたデータを2DCADで開きます。

⬇ 図13-37

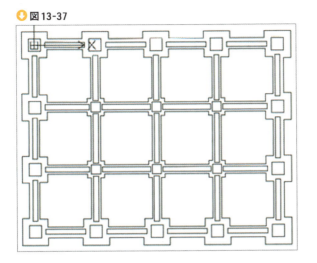

15 原点に丸印を描きます。

⬇ 図13-38

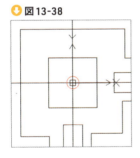

16 全てのデータを選択し、原点を中心としてデータの縮尺を縮小します。尺度は、0.001です。

17 原点の丸印を削除し、データを上書き保存します。

> **Point** データを縮小する理由
>
> データのインポートとエクスポートを行うと、微細な"ずれ"が生じます。
> これを限りなくゼロに近づけるため、最後の段階でデータを縮小します。

サーフェスを作成する

次はいよいよ一括でサーフェスを作る手順です。まずはトリンブルのビジネスセンターについて理解を深めましょう。リンクはこちらになります。

▶ https://www.nikon-trimble.co.jp/products/product_detail.html?tid=23

🔽 図13-39

2025年3月1日現在はTrimble Business Center proが販売されています。こちらのソフトは国交省の公共測量やICT業務にも対応している地理空間総合オフィスソフトウェアになり世界中で活躍しています。大変高価なソフトであり、以下の業務が可能です。

- ◆ UAV、レーザースキャナ等で取得した大量点群データの登録と自動合成、間引き、サーフェス化
- ◆ 地形モデルの最適化、平坦化
- ◆ 面の交差ラインの作成（面と面の交差するラインを自動計算）
- ◆ 3次元数量レポート（点高法・TIN分割法・プリズモイダル法）

- ◆任意断面図作成／任意断面図シートの一括作成（面上を任意に指定し断面図を作成）
- ◆3次元現況トレース（点群からの自動トレース）
- ◆3次元設計データの作成、横断図の3次元化機能
- ◆TOWISE連携（TOWISEへの簡易データ転送：CAD図形、座標、点群、面、線形、オルソ等）
- ◆出来形帳票作成（出来形管理図表）（土工・舗装工）
- ◆各種点群データ入出力、LandXML（3次元設計データ）入出力に対応

ICT建機を専門にしている測量会社がこちらのソフトを有しています。一度、近傍の測量会社様へお問い合わせください。今回はProが発売される前のHCE版にて説明します。

サーフェスを作る手順

Trimble Business Center HCEにてデータを開き、3Dにします。法面のラインは自動で作成されます。以下が詳しい手順です。

1 ビジネスセンターを起動します。

🔽 図13-40

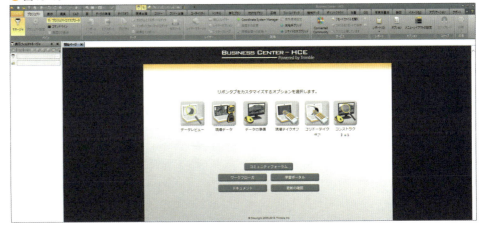

2 メニューバーの「ファイル」から「新規作成」をクリックします。その後、OKをクリックします。

⬇ 図13-41

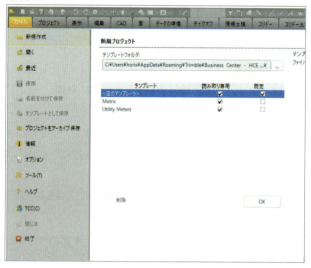

3 画面が開きます。

⬇ 図13-42

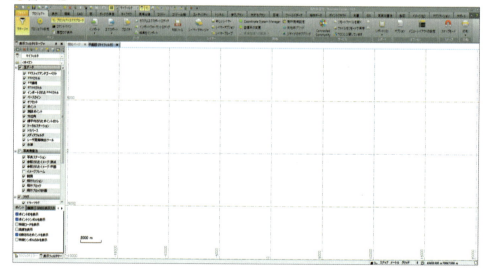

4 作図画面に13-3の手順17にて保存したデータをドラッグします。

⬇ 図13-43

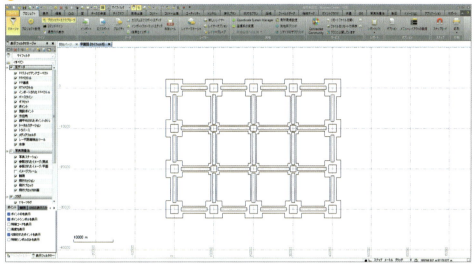

5 全てのデータを選択します。CTRLキーを押しながらAキーを押します。

⬇ 図13-44

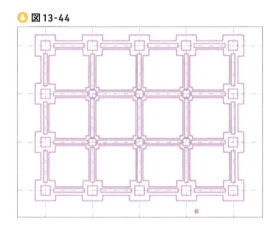

6 メニューバーの「面」から「面作成」をクリックします。

⬇ 図13-45

Section 13-4　作図　477

7 適当な名前を入力し「適用」「OK」の順にクリックします。

⬇ 図13-46

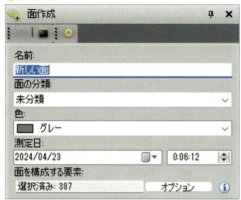

8 面が作成されました。このとき、法面の面も自動で作成されます。

⬇ 図13-47

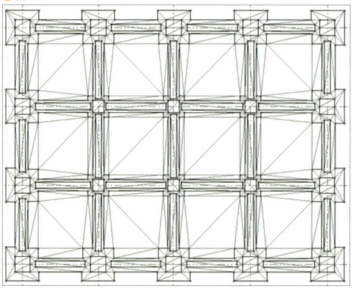

9 メニューバーの「表示」から「3D表示」をクリックします。

⬇ 図13-48

10 3Dに変換されたことを確認します。CTRLキーとマウスの右クリックを押しながらドラッグするとモデルが回転します。

⬇ 図13-49

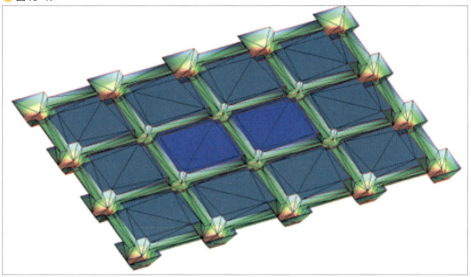

拡大図がこちらになります。

⬇ 図13-50

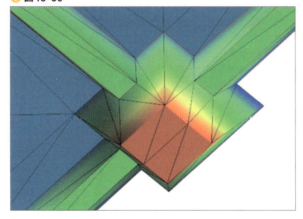

以上で3Dデータの作成が完了です。

ここまで完了したら実際の建設現場にて試してみましょう。ぶっつけ本番ではなく、うまくいくかどうか事前に準備をしてください。3Dデータを作成したあとの概要は下記を参照してください。測量会社と連携が必要です。

測量

- ◆ ①逃げ杭を現場に設置する。※土木の場合は基準点です。
- ◆ ②GPS測量を実施する。

マシンのメンテナンスおよび初期設定

- ◆ ①ICT建機のメーカーと各種センサーの初期設定をしましょう。バケットの高さを確認することが重要です。

ローカライゼーション

- ◆ ①作成した3Dデータと実際の建設現場の位置をリンクさせる必要があります。この一連の作業のことをローカライゼーションと呼びます。
  測量会社に依頼し、GPS測量を実施し3Dデータと位置情報をリンクさせます。
  リンクさせるにはトリンブルビジネスセンターを用います。

あとがき

本書を最後まで読んでいただきありがとうございます。
FreeCADはどんな感じのソフトでしたでしょうか。使いやすいでしょうか。

CADソフトにはそれぞれの癖があり、その人その人で使い方や操作の仕方は違います。
本書の使い方はあくまで一例ですので、ご自身のベストな使い方を模索してください。

この度は本という形でFreeCADの一部を紹介させていただきました。
本書が皆様のお役に立てたら幸いです。

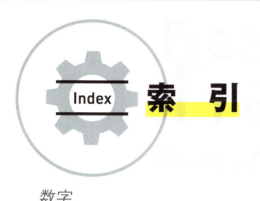

数字

2次元CAD	51, 57
3次元モデリング	55
3点から決まる円弧	70

アルファベット

Add Edge	345, 347
Amount	406
BIM	393
Building Information Modeling	393
B-スプライン	75, 209, 317, 340, 433
CAD	50
Computer-Aided Design	50
diameter	383
Diameter	406
Draft	28
Eurocode timber	417, 419
Faces Number	74, 157
FlashPrint5	281
FreeCAD	18
Fusion	170, 191, 257
height	37
Inkscape	293, 294, 296
International Organization for Standardization	371
ISO	371
jpg	295
Length	125, 219
Major lines every	42
Materialise MiniMagics	275
Part	28
Placement	164, 314, 342, 366, 407
png	295
Radius	37
Rounding	406
Scalable Vector Graphics	295
Sheet metal	358, 434
Sheet Metal Workbench	355
Sketcher	438
Snap Center	85
Snap Dimensions	87
Snap Endpoint	60, 80
Snap Grid	60
Snap Lock	78
snap near	329
stl	176, 178
STL Mesh	172, 205
Surface	140, 344
svg	295
SVG	154, 293
Tech Draw	145
Thickness	162
T字管	227, 241
XOR	228, 238
XYZ軸	224

あ行

アイソメトリック	55, 117
アップグレードボタン	90, 140, 267, 306
厚み適用ユーティリティー	161
アドオンマネージャー	355, 376
インクジェット式	273
インチ	54
インチねじ	374, 382
インボリュートギア	371
ウォームギア	374
右面	33
鋭角	326
エクストルーダ	274
エッジ	88, 193, 337
円	60, 70
円弧	60, 67
円錐	123, 127
円錐台	105

Index 索 引 481

円柱	123	色調	44
円筒部	374, 375	軸	134
大きさを変更	36, 124, 230	下書き	28
オートキャリブレーション	287	集合	191
押し出し	104, 106	重要寸法	53
		主線の間隔	42
か行		正面	33
外形寸法	53	上面	33
解析	55	スイープ	106
回転	32, 104	スクロールホイール	30
拡大縮小	218	スナップ	59
角度	32, 94	スナップエンドポイント	60
かぶり	406	スナップ機能	59, 78
画面移動	32	スナップグリッド	60
画面の回転位置	48	スプライン曲線	60
関連寸法	53	図面	53
基礎	400	スライスソフト	279
球体	123	スラブ	431
共通集合	228	寸法	51, 53, 87
曲線を滑らかにする	40	寸法線	144
切り取り	167, 316	制御点	75, 208
クラウンギア	373	正投影	34
グリッド	134	積	191
グリッド線の間隔	42	選択	30
グリッドとスナップ	42	先端を尖らせる	127
グリッドの大きさ	42	造形台	274
結合	156	側面図	53
決定	30	ソリッド	104, 337
言語	25		
言語設定	39	**た行**	
減算	156	ダウングレード	248, 308, 412
公差	53	ダウングレードボタン	308
		楕円	60, 72
さ行		多角形	51, 60, 73
サーフェス	64, 88, 104, 337	高さ	37
サイクロイドギア	372	建具	393
最大偏差	41	単位	25, 40, 53, 54
作図補助機能	133, 139, 260	単曲線	67
座標	42, 52, 134	端点	133, 134
座標面	260	断面図	53
サポート材	273, 284	張壁	431, 432
左面	33	直線	60, 61
シート積層法	273	直交座標系	52
シェイプビルダー	123	追加のプログラム	355, 381
シェル	279, 337	底面	194, 329
四角形	60, 73	デカルト座標系	52

482　Index　索　引

鉄筋	393, 400
点	60
投影	34
等角投影	34
等角投影法	36
透視投影	34
頭部	374
透明度	171, 402
トーラス	123, 177
通り	399
扉	393, 438
鈍角	326

な行

波トタン	433
日本語	25, 39
抜き勾配	42
ねじ部	374
ノズル	274

は行

パーツアセンブリ	55
背景色	44, 455
配置	115
パイプ	123
背面	33
柱	419
梁	417, 423
板金	354
半径	37
反転三角	278
左ボタン	30
フィラメント	274
フィレット	60, 64
ブーリアン演算	156, 177, 188
フェイスバインダー	60
部品ツール	107
プラットフォーム	274, 287
フランジ	228
フリーハンド	208
プリミティブ作成	123, 129
プロパティ	74
粉末法	273
平行寸法	150
平面図	53
ベクター画像	295

ベジエ曲線	60
ベベルギア	372
補助色	46
補助線	399
ポリライン	60, 63
ボルト	370, 374

ま行

マウス	30
窓	393
右ボタン	30
ミラーリング	345, 436
メートル	54
メートルねじ	374, 382
メッシュ	178, 198, 337
面	63, 64
面作成	214, 249, 477
面取り	64
文字	60
モデル	32, 36, 55
モデルのバウンディングに依存する最大偏差	144

や行

屋根材	426, 433
有効桁数	40
床	431, 432

ら行

ラスター画像	295
螺旋	130
立体化	28
立方体	34, 94, 123
レンダリング	55
ロフト	105

わ行

ワークベンチ	27
ワイヤーフレーム	194, 337

著者プロフィール

堀島 健司

オープンソースの3DCAD "FreeCAD" の使い方をYouTubeや実用書などで紹介している土木エンジニアです。

～過去～
大学卒業後、総合建設会社"ゼネコン"にて土木現場施工管理を11年ほど学び、地方や海外を巡り知見を広めました。

～未来～
3DCADと3Dプリンター、そして建設業。この3つをテーマにして社会の課題解決に向けて力を注ぐことを考えています。

～現在～
建設用3Dプリンターの事業に関わっています。

FreeCAD入門 第2版
（フリーキャドにゅうもんだいはん）

発行日	2025年 4月20日	第1版第1刷

著　者　堀島(ほりしま) 健司(けんじ)

発行者　斉藤　和邦
発行所　株式会社　秀和システム
　　　　〒135-0016
　　　　東京都江東区東陽2-4-2　新宮ビル2F
　　　　Tel 03-6264-3105（販売）Fax 03-6264-3094
印刷所　株式会社シナノ　　　　　　Printed in Japan
ISBN978-4-7980-7485-6 C3055

定価はカバーに表示してあります。
乱丁本・落丁本はお取りかえいたします。
本書に関するご質問については、ご質問の内容と住所、氏名、電話番号を明記のうえ、当社編集部宛FAXまたは書面にてお送りください。お電話によるご質問は受け付けておりませんのであらかじめご了承ください。